這不是強迫消費

只是你的錢包需要減肥

看透顧客心、營造危機感、激發購買欲，你衣櫃永遠少的那一件，就是我的推薦！

陳俐茵，原野——編著

那些購物起來失心瘋的消費者是自己腦波弱，還是店員太會推銷？

怎麼把商品說得絕無僅有又不讓客人覺得被話術？

掌握顧客從眾心理 × 練習最佳口才技巧

最實用推銷術，讓客人只想買！買！買！

目錄

目錄

第三章　巧妙探詢顧客的需求

第四章　把服裝介紹得人見人愛

第五章　激發顧客的購買欲

目錄

第十章　化解抱怨和投訴，提升顧客滿意度

附錄　著裝技巧

目錄

前言

服裝與人們的形象息息相關，與社會文化生活密不可分。服裝業也是當今世界上最美麗、最時尚的行業，其產業鏈從紡織生產、設計師、服裝製造、伸展臺、品牌推廣直接延伸到顧客的衣櫥，其消費群體的龐大程度和產品的豐富程度，遠超出大多數行業。

正因為服裝業的發展日新月異，服裝款式色彩的變化五彩繽紛。因此，顧客在購買服裝時常常會舉棋不定。此時，身為服裝銷售的終端——銷售員，不僅要當顧客的參謀，更要當顧客的專家和顧問。

可是，顧客來到服裝店，會面對很多銷售員，他們應該接受哪一位銷售員的服務呢？而且顧客在什麼時機才會需要銷售員的幫助呢？顧客需要什麼樣的幫助？銷售員提供的哪些幫助會引導顧客產生購買的效果呢？

在服裝界，不論是大賣場還是小規模的服裝店，常常有一些銷售員因思想認知的偏見，不了解服務的真諦，也沒有掌握必要的銷售技巧。他們認為當服裝銷售員就只是賣衣服，那麼憑著姣好的外表和熱情服務，就能贏得顧客的好感和喜愛；憑藉新穎的款式和品牌知名度，就可以吸引顧客自動前來；憑藉自己掌握的服裝專業知識和三寸不爛之舌，就能輕而易舉地說服顧客主動消費。在這種錯誤的認知下，這些銷售員一心直盯著銷售額的增加。結果，事與願違，顧客即便有購買欲望，也因為他們的服務不周到而取消購買念頭。

要當讓顧客滿意的優秀銷售員不是僅憑姣好的相貌和熱情服務就可以做到的，更不是憑著你口若懸河的誇誇其談。服裝銷售員不僅要引導，且幫助顧客買到滿意的服裝，還要讓顧客享受到愉悅的心理感受。因此，要

前言

成為優秀的銷售員，不僅需要形象可親、服務專業，讓顧客在接受他們的服務中愉快地消費，而且在售後服務裡也需要靈活處理顧客的意見，持續提升顧客的滿意度。這樣才能讓顧客最滿意、企業最受歡迎，也才能和顧客雙贏、和競爭對手拉開距離。

那麼，如何才能成為優秀的銷售員呢？

本書告訴你：成功的銷售員首先要有為顧客服務的誠心，另外還需要懂得心理學、服裝學及經營學等許多知識，且把這些知識綜合起來靈活運用。本書重操作性與實用性，選取服裝銷售中常遇到的案例，融合銷售方法和技巧，進行生動形象的剖析及深入淺出的論證，告訴服裝銷售員該如何做，才能成為一位優秀的銷售員。當然，就像「仁者見仁，智者見智」一樣，本書中的許多經營方法既有服裝行業性，也有一般普遍性，相信其他服務行業的人也可以從中獲益匪淺。

如果你從本書中得到了啟迪，了解了接待客戶、說服客戶成交的技巧；客戶透過你的服務，感受到了物超所值的意外驚喜。在和客戶的良性互動中，不但自己的服務水準有所提升，而且還帶動了團隊的發展，那麼，你離優秀銷售員的境界將不再遙遠。

編者

第一章
當服裝銷售員，你準備好了嗎

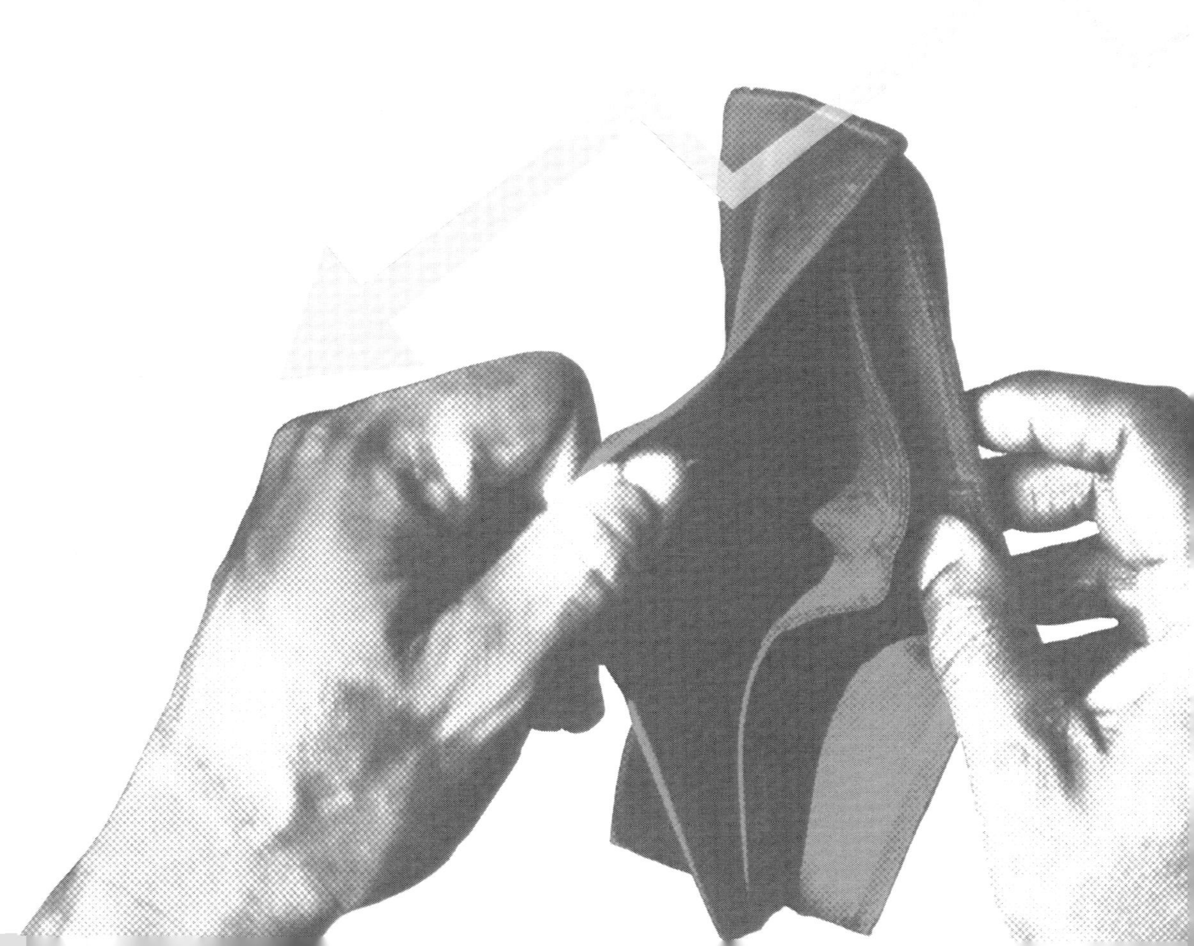

要當服裝銷售員，首先需要明白：服裝銷售員需要具備什麼條件、職責是什麼？

服裝銷售員的職責分為「相對於顧客的職責」和「相對於企業的職責」兩部分。從「相對於顧客的職責」方面來說，銷售員首先要有熱情，有顆服務顧客的熱心；而且要站在消費者的立場為顧客提供服務。另外，銷售員還應成為服裝專家，只有這樣，才能為顧客提供放心、可靠的服務。從「相對於企業的職責」這方面來說，銷售員銷售的是服裝背後的品牌，表現的是品牌承諾，讓顧客從品牌中對服裝店產生好感。

只有把這兩種職責一肩挑，才是一位合格的銷售員。

1 正確認識服裝銷售員的功能

許多人可能都會在大賣場、超市甚至一些服裝專賣店中發現，有一些服務人員靜靜地站在離你不遠處的地方，等你需要幫助時，他們會及時出現在你面前，為你解疑答惑。他們就是一種特殊的服務人員 —— 銷售員。

可是，在某些經營者的心目中，對銷售員的功能總是認知不夠全面。他們認為：我賣什麼，顧客就會來買什麼。尤其是服裝，看得著、摸得見，不是什麼高科技產品，顧客完全可以憑自己的感覺來挑選顏色、款式等，為什麼要特地選用銷售員呢？

殊不知，在購買服裝的過程中，顧客很少是抱著明確的需求而來的，大多都是經由瀏覽來選購服裝。儘管有些顧客抱持著來店裡就是要挑合適的，但是在選擇的過程中，常常因為對服裝款式或品質不了解等，遲遲下不了決定；有些人因為身邊沒有同伴可以討論，對自己是否適合穿某種款式或顏色也猶豫不決。

下面是幾位消費者對於買服裝的感嘆，我們可以略知一二：

★ **第 1 位：漂亮美眉** —— 我是時髦的年輕人，非常喜歡漂亮衣服，也愛逛街，特別是那些時髦亮麗的服裝，對我的吸引力是無法抵擋的呀！可是，踏進店裡我才發現，真是太令人眼花撩亂了啊！

看看這件，好漂亮！摸摸那件，手感很好！再看看其他，顏色、款式更是美不勝收。我到底要選哪件才好？哪件衣服才適合我啊？不可能把錢包裡的錢都在這裡花掉啊！每個星期天挑選衣服，都會浪費我大半時間，好煩惱啊！誰能幫我解決問題呢？

★ **第 2 位：家庭主婦** —— 現在的服裝確實款式和顏色都變化太多，年輕時沒趕上，現在可得好好消費。可是，儘管狠下心來要買，無奈錢包有限。太貴的品牌，衣服好看，但我買不起；價格太低廉的，我又看不上，只好選擇中等價位的。雖然當下覺得是千挑萬選買的，但回家一穿卻不理想，真想扔到垃圾桶裡。我怎麼只會花錢卻買不到理想的衣服啊！

★ **第 3 位：不老帥哥** —— 我今年雖然邁入 40 歲的門檻，可是看起來並不老，乍看我的人不會猜出我的年齡，他們都說我只有 30 幾歲。而且我還有個特別令人自豪的外號：「周潤發第二」。和明星一樣閃亮的人，當然要有一身好配備裝飾了。在服裝穿戴上，我一點都不馬虎，特別注意修飾自己，但當然不可能是明星級的天價。

可是我發現，要選擇與我氣質相配的服裝，可真是比登天還難。雖然，現在男人的服裝比起以前統一的藍、灰、綠，多了很多款式和顏色，可是，不知道是不是我太挑剔了，總是買不到適合我的。那些服務人員都千篇一律地說他們的服裝非常好，但就是不了解我的職業和服裝愛好。如果有人能像營養師那樣對我指點一二，我是求之不得的。

像上面這 3 位顧客在選擇服裝時所遇到的困惑，相信其他人也會遇到 —— 雖然情況不完全相同。此時，如果經營者自身或服務人員對服裝的質料、品質、流行款式……等也不太清楚，不注意了解顧客的職業、愛好等，只是對自己的服裝自賣自誇，怎能及時而準確地引導顧客呢？當然也會加大顧客選購的難度。此時，銷售員的作用就特別重要。

透過適當的時間點接近顧客，幫助顧客縮小選購範圍，引導其注意力集中到服裝銷售員推薦的選購區域上，從而實現顧客在門市購買的目的。這就是銷售員的服務職能。

現在社會上各行各業都需要專業分工，銷售工作也有自己的專業度，從職業性質來看，銷售員也不同於一般的服務人員、售貨員或促銷人員。他們有什麼不同之處呢？

在一些大型的服裝批發市場或一些小型服裝店裡，我們經常看到這種類型的售貨員：他們往往僅以單純銷售為中心，只關心自己的服裝是否可以賣出去，從而一味炫耀自己店裡的服裝。他們從來不關心顧客的服裝品味和職業特徵，更不關心與服裝產品相關的製造商品牌宣傳，因此也無法完成幫助顧客挑選服裝的目的。而促銷人員，通常是服裝廠或商家在做促銷活動時，臨時聘請的人員，他們總是針對需要促銷的服裝誇誇其談，但對其他服裝卻熱情大減。這種在特定活動時間內的短期行為，很難和顧客有系統的溝通。如果促銷服裝不適合顧客的愛好，即便價格便宜，恐怕也達不到目的。

可是銷售員跟他們不同。與促銷人員相比，銷售員是一種長期行為，他們這種引導不是歇斯底里的「跳樓價」誘惑，而是憑藉良好的舉止和專業的知識來服務顧客；與傳統的售貨員相比，多了和顧客互動的主動性。銷售員其實就是特殊環境下的業務，是直接面對顧客的終端業務員。他們要在服裝店中透過恰如其分的舉止和優質的服務，在顧客的心中留下美好的印象，幫助引導顧客完成服裝的選擇，使顧客當場購買，或在未來形成購買衝動。整個銷售的過程不但能為服裝品牌「錦上添花」，也可透過自己的服務樹立服裝店良好的形象。這一切，絕非售貨員和促銷人員可比。因此，服裝銷售員，不僅顧客需要，服裝店需要，服裝製造商也需要。

正因為服裝銷售員肩負以上雙重、甚至多重使命，所以，做好推銷工作不僅需要具備服裝專業知識，同時也需要掌握心理學、口才、人際關係學、表演等知識。如果認為這個工作簡單好學，只要是健全的人就能做到，或把銷售員視為跳板，但打從心底深處否定這份工作，就肯定做不好。

在服務為王的時代，服務功能逐漸重要於銷售功能，服務的職責已經從商業化擴展到了公益化。同樣，服裝銷售員不僅要為顧客提供滿意的商品，更需要為顧客提供滿意的服務。因此，只有端正對銷售工作的認知，意識到銷售工作的重要性和專業性，才是做好銷售工作的前提。

2 熱情是服裝銷售員必備的條件

服裝推銷員雖然不是技能水準非常高的工作，但是，也絕非隨便就能勝任。

銷售員是服裝銷售時面對客戶的第一人，也是對銷售造成決定作用的人，除了掌握銷售必要的技能外，積極與熱忱是最基本的要求。如果銷售員失去積極與熱忱，就會像發電機失去動力一樣，空轉而沒有工作效率。沒有熱情，服裝銷售員更不可能和顧客形成良性互動，打開顧客的心扉，從而達到引導購買的目的。

特別是在直銷店這個終端賣場上，銷售員的一舉一動對顧客都會產生買和不買的影響。熱情的銷售員，其言行舉止能讓賣場變成對顧客有強大吸引力的磁場，能吸引顧客上門，讓顧客愉快地完成消費過程；反之則適得其反。

王先生因為要去國外洽談商務工作，下班後來不及吃飯就急匆匆直奔附近的一家品牌服裝專賣店。雖然王先生以前的服裝都是太太打理，但他認為自己都中年了，即便太太不在身邊，自己也可以搞定。說不定，等太太看到自己買的褲子時，還會佩服自己的眼光呢！這樣想時，王先生的心中不免有一絲得意感。

當王先生興沖沖來到西裝褲專賣店時，他推開門後，根本就沒人注意到他的到來。因為，有幾名銷售員在忙著做下班前的交接工作，不是在對帳，就是在盤點貨物、清理店面，還有一位居然傻傻地站在那裡看著窗外，一點主動服務的意識都沒有。

王先生心想，難道是因為下雪了，這位銷售員的心也涼了？服務熱情在哪裡？但是，王先生也顧不了這些，就徑直奔向一排排的西裝褲。他拿起 1 條褲子看了看，覺得還不錯，只是尺寸比較小，就請身邊的銷售員幫忙找尺寸大一點的。沒想到，這位銷售員正在核對銷售數額，頭也不抬地對王先生說：「我們馬上要下班了，您自己先看吧！」

本來，王先生認為自己找到合適的款式，心情很好，可是，這位銷售員敷衍冷淡的態度，使他的好心情頓時消失殆盡。王先生生氣地放下褲子，氣憤地說：「什麼服務態度！」

等那位看雪景的銷售員走過來，王先生早已走出店門了。

結果，銷售員在下班時急躁、說話不客氣，直接傷害了顧客的自尊心。商場失去的不僅僅是生意，還可能失去了回購率很高的顧客。

2、熱情是服裝銷售員必備的條件

服裝銷售員是店鋪接觸顧客的「第一線」人物，其一言一行，都直接關係到顧客對店鋪的感受。特別是銷售員的態度，會直接影響顧客的購物情緒。根據調查顯示，約 70%的顧客都會因為服裝銷售員態度冷淡而離店。如果再按照 250 原則，這些離店的顧客還會影響他們身後 25%潛在顧客的選擇。

其實，服裝銷售員所做的一切準備及輔助工作，都是為了更利於接待顧客與推銷服裝。如果在顧客光臨時，忙於做其他工作而冷落顧客，那麼你前期的努力就都白費了。因此，要時時刻刻提醒自己，無論顧客什麼時候來、從什麼地方來，都要讓顧客在最短的時間內得到最滿意的服務，千萬不能在最關鍵時忽略自己最重要的職責 —— 熱情接待顧客。如果銷售員對顧客做到和藹、虛心、耐心、周到、主動，將會帶給顧客滿意的購物愉悅感受。

某次，劉女士路過某服裝店，看到宣傳單上寫著打折的標語，怦然心動，走了進去。不知不覺，劉女士挑了很多衣服，她還打算再試一套，但發現店家就要打烊了，只好把衣服還給銷售員。

銷售員問道：「這位女士，這套衣服您不滿意嗎？」劉女士回答：「你們快要下班了，恐怕來不及試穿。」

銷售員回答道：「沒關係，您儘管放心的試，我們和收銀員都會耐心地等您的。」

等劉女士試完衣服，已經超過店家下班時間。儘管只有她這位顧客，銷售員仍然微笑著回答：「服務好每位顧客是我們應該做的。」

伴隨著服務人員「謝謝，歡迎再次光臨」的聲音，劉女士心中十分感動，以後她成了這家店的常客。而且還樹立了該店家的信譽。

美國通用磨坊（General Mills）總裁曾說：「你可以買到某人的時間，

也可以花錢讓某人到指定的工作崗位，還可以買到按時計算的技術操作，但你買不到熱情。」熱情是吸引顧客的法寶。服裝銷售員不僅需要有充沛的體力、做事的幹勁，更需要有積極熱情的服務態度。因此，銷售員天生的熱情和對顧客的親和力是做好服裝銷售工作的前提。

某高級時裝店在應徵服裝銷售員時，來了許多應試者。有許多人不僅學歷高，且穿戴不凡。在他們看來，既然要當高級時裝店的銷售員，當然要彰顯自己的服裝品味。可是，在這些衣著高貴的人群中，有位年輕人卻只穿了粗布工作服，當然特別顯眼。

不管從外貌還是穿戴來看，這位年輕人一開始就處於劣勢。然而，這個穿戴再普通不過的年輕人卻接到了錄取通知。其他應試者不明白，是不是「考官」弄錯了？

這位穿戴普通的年輕人應試成功的祕訣是什麼呢？

原來，年輕人一進門，見到那些款式新穎、做工精良的高級服裝，就忍不住大聲嚷嚷：「說真的，我長這麼大還沒見過這麼完美、精良的服裝。我真想把這些服裝介紹給每個普通人，讓他們從頭到腳馬上亮麗起來。」原來，是他的熱情打動了主考官。

由此看來，積極與熱情是從事服裝銷售工作最基本的要求。雖然，熱情只在剎那間產生，卻會讓人留下永恆的記憶。試想，如果只是彬彬有禮但缺少熱情周到的服務態度，就會給顧客拒人千里之外的感覺。而熱情，縮小了心理距離，達成情感交流的階梯。當顧客首先感受到店員親切熱情的態度時，顧客才樂意踏進店門。特別是在引導顧客時，銷售員的熱情謙和能帶給顧客良好的情感效應。

顧客在服裝店中不僅要看到有形的服裝，還要享受無形的服務。如果我們把服裝的類型、服務設備、店面裝修等都歸屬於服務業的「硬體」，那麼，店員所展現出來的服務水準就是「軟體」。 顧客能否得到愉快的購物體驗，軟體甚至更為重要。因此，儘管服裝店環境不一定豪華，但一定要讓顧客感受到你的熱情。

一個充滿活力、心情舒暢的銷售員會帶給顧客愉快與熱情。而只有熱愛生活、熱愛賓客、熱愛服裝銷售本職工作的人，才能保持，並永久擁有那種服務顧客的熱情。因此，要做好服裝銷售工作，首先要具備一顆熱情的心。

顧客是開心來購物的，無論什麼時候，銷售員在迎接顧客時，都要向顧客傳遞熱情和快樂。特別是在挑選服裝時，有些顧客可能會多次拿、長時間挑、反覆試穿，最終還是不買。此時，銷售員如果仍微笑著對顧客說「歡迎以後再來」。 即使對方最終沒有購買，也會對服裝銷售員產生良好的印象，日後若有需要時，就會想到該銷售員，甚至還會將該銷售員銷售的服裝推薦給身邊的親朋好友。

3 始終堅信自己的能力

銷售是與人交往的工作，而且還是非常容易遭到顧客拒絕的工作。由於顧客個性不同、層次不同、地位不同、境界不同等，他們拒絕的方式也會千差萬別。那些態度粗暴的顧客甚至會不給銷售員任何情面；而冷漠的顧客又會對你的熱情漠然視之，甚至嗤之以鼻。

因此，在服裝銷售人員中，我們經常會聽到這樣那樣的推脫藉口。

「人家品牌好，生意好那是很正常的事情。我們經銷的不是品牌服裝，就算有三寸不爛之舌也不行。」

「公司總是補不到好賣的貨，不好賣的貨卻發一大堆給我，叫我怎麼做生意啊？」

第一章　當服裝銷售員，你準備好了嗎

「現在生意不好做啊！你看隔壁的服裝店，款式和我們的幾乎一模一樣。還有那麼多伶牙俐齒的促銷員，我們怎能比得過他們？」

這些藉口，就是向挫折低頭、向困難妥協的證明。而且，找藉口會讓我們形成壞習慣，會讓自己變得拖拉、做事變得懶散。一旦你養成了在工作中遇到難題時，總是找藉口來解釋原因，為顧客服務就會成為你的心理負擔，你的目標肯定就無法實現。

推銷工作也是考驗銷售員意志的關鍵。想贏得不同顧客的信任和欣賞，就必須堅信自己的能力，堅信自己的工作是為顧客服務的，相信自己的商品能夠打動他們。遇到困難時應該多找方法，而不是找藉口。特別是面對顧客的拒絕時，要抱定「不論如何，我一定要成功」的堅定信念——即使顧客冷眼相對、表示厭煩，也要信心不減、堅持不懈，相信自己的商品；相信自己的企業；相信自己的銷售能力；相信自己一定能獲得成功。這種自信，能讓銷售員發揮才能，戰勝各種困難、獲得成功。

某年，有位女孩北上打工。雖然她的第一份工作是在工廠裡當倉管，但是女人愛美是天性，她一有空就往服飾店裡去。

當她看到服飾店裡的售貨小姐一個個穿得時尚前衛、妝容精緻、氣質高雅時，無比嚮往，總想著自己有天也會站在這種店裡，穿上這樣的銷售員服裝。於是，她總是留意這家服飾店的應徵職缺。不久，當她聽到應徵銷售員的訊息時，馬上跑去面試。憑著良好的外貌，她順利獲得這份工作。

剛從事推銷工作，她的想法很簡單，服裝銷售又不是業務人員，沒有什麼銷售指標，只要服務態度好，能領到穩定的薪水，不用像工廠一樣上夜班，已經很不錯了。可是，沒料到，做銷售員競爭也非常大，不會講臺語的她，首先無法得到年長顧客的歡迎；再加上英文也不流利，無法為外國顧客提供標準的服務語言；另外，對於顧客所提出的疑問或異議，特別是那些難以回答和處理的，也常常顯現出悲觀的情緒。結果，她的悲觀情緒致使銷售業績和門市形象都受到很大的負面影響，即便那些真正想買的顧客，也對自己看好的服裝產生沒有安全感的感覺。

在這種情況下，她遭遇一些銷售員的排擠。眼看自己嚮往的職位就快不保了，她壓力很大。但是她沒想過要放棄，咬牙硬撐下來，努力學習推銷知識，尤其是語言，努力讓自己融入這個環境。經過一段煉獄般的磨練後，她不但順利勝任服裝銷售員的工作，而且幾年後自己開了服裝店，還專門培養銷售員到各大服裝賣場進行服務。

能夠完成這個巨大的跨越，就在於這位女孩堅信自己，在最困難時，她沒有放棄。

的確，服裝銷售員是富有挑戰性的工作。在多次遭到客戶拒絕和成交失敗的挫折後，某些人可能會產生動搖，放棄自己的追求。畢竟，每個人的心理承受能力都是有限的。可是，如果連銷售員自己都不相信自己，那該如何讓顧客相信呢？ 要知道，銷售員不僅要幫忙引導顧客購買服裝，也要幫自己和顧客樹立自信心。如果你的情緒低落，顧客就會產生疑慮：我現在買適合嗎？因此， 服裝銷售員首先要對自己充滿自信。當你充滿信心地接待顧客、介紹服裝時，顧客才會放心購買。

當然，自信並不意味著盲目相信自己。在工作中遇到問題時也要學會反省自己，勇於承認自己的缺點，向同行取長補短。天長日久，就會具備豐富的專業知識，不但能自信地銷售服裝，而且還能很順利地解決顧客的異議，提高處理問題的嫻熟技巧。

美國某推銷高手曾說：「自信具有傳染力。推銷員有信心，會讓顧客自己也覺得有信心。」因此，當你充滿自信地站在顧客面前，你的自信易感染並打動對方。顧客有了信心，自然能迅速做出購買決策。

4 塑造銷售員的專業形象

服裝銷售員就是顧客的形象顧問，要做好顧客的形象顧問，需要以專業的形象給顧客留下良好的第一印象。

瀟瀟是從外地來的打工族，她憑著自己還算姣好的面貌，在某女裝品牌店鋪做銷售員。生性愛打扮的她雖然已當媽媽，但是為了趕時髦，她像年輕女孩一樣把口紅和指甲油都塗得很鮮豔，而且瘦小的臉龐帶著誇張的耳環。

這天，她嘴裡還嚼著口香糖，懶洋洋地靠在店鋪的牆壁上。一名男顧客走進店鋪，瀟瀟趕緊迎上前去對這顧客大聲地說：「歡迎光臨！」顧客見到瀟瀟爆炸式的髮型和深藍色濃厚的眼影，詫異地後退了一步，有點尷尬的說：「哦……哦……我只是隨便看看……」隨後匆匆轉了一圈就走出了店鋪。

看到顧客似乎對她有所戒備，瀟瀟疑惑地皺著眉頭，不明白怎麼回事。

服裝銷售工作，首先要銷售自己。因為顧客先接觸到的並不是服裝，而是服裝銷售員本人。因而，推銷的成敗主要不在於商品的魅力，而在於銷售員本身的魅力，特別是銷售員的儀容、儀表和舉止風度等，在很大程度上會決定顧客的購買行為。

如果銷售員的服飾、舉止姿態、精神狀態、個人衛生等外觀形象，能給顧客帶來良好的感覺，顧客才會接受你的服務，進而產生購買的欲望；如果銷售員言談粗魯、舉止失態，就會讓顧客望而卻步。因此，為自己塑造專業的推銷員服務形象是非常重要的。

要塑造好自己的專業形象，需要做到以下幾點：

■ 服裝整潔

西方某位服裝設計大師曾說：「服裝不能造就出完人，但是第一印象的 80%來自於著裝。」的確如此，在一些公共場合，人們總會對那些服飾整潔、氣質高雅的人給予更多的尊重和優待。而身為服裝銷售員，其衣著品味會對銷售產生深遠的影響。

在某企業曾發生過以下這件事：

某天，一名業務員來到他的辦公室。這個業務員穿著一件昨天就穿過的襯衫和皺巴巴的褲子，用含糊不清的話語說：「早安，先生！我代表 XX 鋼鐵公司特地來拜訪您……。」

「什麼？」該企業的老闆不高興地問：「你代表 XX 公司？年輕人，我認識你們公司的董事和經理，你不該代表他們的。」

結果，這位業務員還來不及介紹自己的產品就被拒絕了，只因他的穿著不能給人好感，更無法代表一個成功者的形象。

在推銷活動中，首先映入顧客眼簾的就是衣著服飾。特別是初次見面的人，印象的 90%產生於彼此的服裝與儀容。一般來說，穿戴整齊、乾淨的人容易贏得顧客的信任和好感；而衣冠不整的業務員會讓顧客留下做事馬虎、懶惰、糊塗的印象。雖然以貌取人是不對的，可是如果你看到一個渾身髒汙的流浪漢和一個衣著華貴的紳士，感覺當然是不同的。由此可見，首次給顧客留下的外在印象，比這個人的實際內在修養更為重要。既然如此，那就應該掌握一定的著裝技巧，適當地利用服裝去贏得顧客的好感。

一般來說，服裝銷售人員著裝的基本要求是：

★ **乾淨整潔、自然灑脫**：服裝是一種社會符號，選擇整潔、雅緻、和諧、恰如其分的服裝，可以表現出人的尊嚴和責任感。試想，如果銷

售員穿著褶皺混亂、有汙漬、汙垢的工作服，會給顧客極不雅觀的印象，導致顧客不願與之交談，從而抑制顧客的購買欲望。因此，衣著乾淨整潔也是對顧客負責的表現。當然，如果公司有統一的著裝要求，應符合公司的規定。

★ **應盡量與所賣服裝的等級層次、定位相符**：銷售員在工作時，服飾穿著要與工作環境、工作特點、個人體型等協調一致、和諧統一。例如，所銷售的服裝主要是針對白領，銷售員的著裝應能體現出自己高雅的氣質；而面對新貴一族的，則可略顯新潮，但不可太過。這樣更能貼近顧客。

★ **避免過於突出，不穿奇裝異服**：雖然服裝款式和等級層次千變萬化，令人美不勝收，但是，身為銷售員，即便為了推銷那些時髦的服裝，也不需要把所有華麗的服裝都嘗試一番。失度、奇異的服裝會給顧客造成不好的視覺感受和心理反應。那樣會喧賓奪主，令打扮不合時宜的顧客有種相形見絀的感覺。

合適的穿著打扮不在奇、新、貴上，而在於是否與其年齡、體型、氣質等相符。因此，銷售員的服飾穿著要具有清新明快、樸素穩重的視覺印象，從而讓人產生信任感，促進購買活動的進行。

■ 儀容美好

儀容美好就是要給顧客美、健、潔、雅的良好形象。銷售員的儀容美好也會給顧客帶來良好的「第一印象」。因此，銷售員要注意自己的儀容美。

一般來說，男性儀容重在「潔」，女性儀容重在「雅」。

男性銷售員由於汗液和油脂分泌量較多，因而，應該注意「面子問題」。而女性銷售員，在儀容上除了要具備「潔」外，還要展現「雅」，彰顯出服裝的品味。因此，女性銷售員化妝宜以自然大方為主。

儀容不僅是打扮和化妝，還包括適當的修飾外貌。我們都有這樣的購物經驗，通常，精神飽滿的銷售員會給顧客健康、精神煥發的美感；而萎靡不振、蓬頭垢面的銷售員，會讓人感覺不快，甚至產生厭惡心理。因此，服裝銷售員要養成良好的個人衛生習慣，要做到勤洗手、勤剪指甲、勤理髮等。這樣，既能表示對客戶的尊重，又能體現自尊自愛和嚴謹的工作風格。

雖然良好的體態容貌與先天的條件有關，但是，經過後天的努力鍛鍊也可增強，促進健美體態的形成。

■ 舉止文明得體

舉止是指人的外表、姿勢和行為。服裝銷售員的舉止包括站、走、講話等動作。銷售員的舉止如何，對顧客的心理變化會產生重要作用，在某種程度上影響銷售工作的進行。

一般來說，銷售員在接待客人時應該面帶微笑，身體挺直、向前，兩腳平踩在地面上，雙手放在身前輕輕地握著，站在離櫃檯或店門大約 10 公分的地方，這樣顧客就會對這家門市產生服務周到的第一印象。如果銷售員隨地吐痰、用手挖鼻孔、抓頭髮或身體斜倚櫃檯等，這樣無法給顧客安全、衛生和愉快的感覺，顧客也必定會因厭惡而離去。特別是當銷售員接近顧客時，切忌大搖大擺地走向顧客，更不可從後面走近，如果動作不夠禮貌和得體，同樣會讓客戶感到不悅。最好步伐穩健，選擇從前方或側方走近顧客，讓顧客能從視野中看到你。

另外，舉止文明還包括不得在顧客背後做鬼臉、擠眉弄眼、議論顧客。不論顧客是否購買， 都應禮貌相待，不得挖苦、亂講話等。

在現今強調「顧客就是上帝」這種服務精神的年代，舉止文明也是向顧客表示尊敬的表現。

服務顧客的效果優劣，有很大程度是因銷售員的素養決定的。要使顧客心情愉悅地購物，就要對銷售員的形象、行為舉止、語言等方面進行規範。可以說，銷售員的良好服務形象，對於提升服裝店的聲譽，無疑也是至關重要的。

5 讓自己成為服裝專家

任何服務都受其專業領域限制，因此，要把本行的服務做到最佳化，就必須成為專業上的高手。服裝銷售員不同於其他行業的銷售員，也不同於服裝推銷人員或理貨員，同樣需要具備專業知識。

如果銷售員只有做好接待服務的願望，而沒有熟練的業務技能，也不可能提高服務品質。只有以專業的形象出現在顧客面前，才可以及時地幫助顧客，並在短時間內獲得信賴，縮短成交的過程。

有人說，銷售員不就是站在那裡賣東西的，有必要浪費時間培訓或花費投資進行學習嗎？這種觀點是不對的，現今很多銷售員沒有經過正規且及時的培訓，其結果可想而知。

26 歲的小白在一家大型商場做服裝銷售員已經 6 年了。她以前總覺得做銷售員很簡單，顧客來了要試穿哪件衣服就幫忙拿哪件，如果顧客看中了想買就幫忙結帳。後來真正做到這行才知道，想當個好銷售員，並不像想的那麼簡單。特別是現在，服裝的材質變多，款式變化很快，再加上顧客對服裝的要求越來越高，因此，小白感覺自己的服裝知識實在少得可憐。

身為服裝銷售員，首先需要有基本的美學知識，要知道什麼樣的衣服搭配什麼顏色和款式的褲子或裙子等，另外，對整個服裝行業、服裝流行趨勢、服裝品牌和服飾文化等都要有所了解，且對服裝行銷模式和推廣演變等略知一二，這樣才能滿足顧客的需求。為此，小白利用業餘時間學習心理學、美學、經營銷售等知識。一年多下來，不僅豐富了自己，還受到顧客的稱讚。

因此，想向顧客詳細地介紹服裝，並讓顧客有充分的信任感，服裝銷售員必須加強學習，不斷地更新知識、擴展視野，主動從更廣泛的角度專精服裝知識。對服裝知識越了解，越能在顧客面前表現出自信，有助於向顧客介紹服裝，說服顧客購買。

一般來說，優秀的服裝銷售員對服裝專業知識的了解，要比一般的服裝銷售員多得多。針對相同的問題，一般的服裝銷售員可能需要查閱資料後才能回答，而優秀的銷售員則能立刻對答如流，在最短的時間內給顧客滿意的答覆。

那麼，身為服裝銷售員，應該了解哪些專業知識呢？

★ **了解服裝的品牌**：服裝銷售員不但要知道服裝品牌的名稱，還要了解品牌由來、廠商、廠商所在地以及該品牌的聲譽（例如獲得哪些獎項）等。

★ **了解服裝材質知識**：服裝材質是用來製作服裝的材料。作為服裝3要素之一，材質不僅表現服裝的風格和特性，還影響服裝的色彩、造型的表現效果。

★ **了解服裝設計理念**：每款服裝均有自己的設計理念，這些設計理念往往會成為其獨特賣點，使服裝不僅是為簡單蔽體遮羞，還賦予文化生命力，引領時尚潮流。

★ **了解服裝的洗滌及保養方法**：即使有標示說明，顧客也希望服裝銷售員能清楚地告訴她們如何洗滌、保養等。

★ **了解服裝的搭配原理**：顧客不但需要服裝銷售員向他們推薦合適的服裝，還希望銷售員能教他們如何才能透過合理的搭配讓自己的穿著更有個性、更符合自己的氣質。因此，身為合格的銷售員，還需要了解一些服裝服飾的搭配知識。

★ **掌握熟練的操作技能**：專業不單是建立在熟悉商品基礎知識上，且還表現在售貨過程中各環節的操作都得心應手。

比如，他們為顧客包裝時，動作迅速、快捷、漂亮，這說明了銷售員具備高度的職業技能。顧客會對銷售員的專業程度深信不疑，並對銷售員懷有感激之情。

相反的，如果銷售員自己不懂陳列和包裝技巧等，還指責店鋪陳列很亂……恐怕難以讓同事和顧客心服。

★ **虛心學習**：有些銷售員為了在顧客面前表現出自己的專業，誇誇其談，甚至不懂裝懂，這完全是自欺欺人的表現。因此，遇到不明白或不清楚的問題時，服裝銷售員首先要向顧客表示歉意，坦率地告訴他們自己不太清楚，同時也要表示出你會負責幫顧客找出答案。例如：「實在很抱歉，您剛才所提的問題我不是很清楚。我會向廠商技術人員諮詢，並盡快回覆給您」。這樣，顧客就會覺得你很真誠、熱情，從而對你產生好感！

店員具有熟練的業務技能，不但能縮短消費者購買商品的時間，減少售貨的勞動消耗和時間消耗，有效地提高經營效率，爭取更多的營業額，還可以讓自己在售貨過程中，充滿自信心和自豪感，增加消費者的信任度，給消費者良好的印象。

6 時刻做好迎接顧客的準備

在顧客尚未來臨的待機階段中，銷售員應隨時做好迎接顧客的準備，這些準備工作，包括物質準備、精神準備等，以保證無論顧客什麼時候進來，都可以替他們提供最好的服務。做好這些工作，對促進服裝的營業銷售大有裨益。

可是，這點，並非所有的銷售員都能有所認知。

1980年代，在某長篇小說中，有一位售貨員潘小姐，經常與同事互相交談而冷落顧客（或乾脆聚攏聊天），以及經常在櫃檯上清理貨款、收據而怡然自得，完全不理會顧客的感受。她們認為自己做的可不是伺候人的服務工作。相反的，當她們看到顧客被自己指使，來回地清點款項與收據時，則可以顯示出她們工作的莊重性、嚴肅性，從而獲得一種心理滿足。

如果說在商業發展初期，賣東西的都是有錢有勢的角色，買東西的則要低聲下氣地忍受。那麼，在商業經濟發達的時代，在供過於求的今天，顧客才不會吃這一套，他們完全可以選擇其他店家。

夏季到了，小雲決定去選購幾件色彩繽紛的服裝，讓自己的心情也絢麗起來。某個星期天，小雲把自己的想法告訴閨中密友。二人的想法不謀而合，於是，她們坐上開往服裝百貨的公車。一路上，她們愉快地哼著歌，興高采烈地議論著要買什麼牌子。

在服裝百貨漫步了大半天後，她們看到一家新開業的時裝店。光看名字就吸引人，於是她們手挽手直奔這家新店的玻璃大門。可是，她們發現，由於是雨天，店裡的顧客很少，服裝銷售員們正在海闊天空地閒聊，甚至對她們自身的時髦衣服在品頭論足，以致於連她們二人進店半天都沒人發現。小雲和好友看到這種情況，相互對視了一眼，便果斷地走出去，

另外尋找其他服裝店了。

每位顧客都期待自己在進入店門，甚至來到店門口時，就能受到主動熱情地接待。此時，如果服裝銷售員只是在看報紙、做各種小動作或與人聊天，而不是積極熱情地迎接顧客，就會使顧客感到不滿，從而影響顧客的購物情緒。而這種銷售員肯定不會受到企業的歡迎。

日前，有媒體報導，有家商場的售貨人員就是因為聚攏聊天而被開除。且不論店家的這種做法是否過分，售貨人員聚攏聊天本身就是對顧客不負責的態度。因此，不論是售貨人員還是銷售員，在工作崗位，就要集中精神、全心投入。

待客不僅表現在接待顧客的服務態度上，也表現在銷售員本職工作的服務行為上。如果顧客進入一家服裝店，看到銷售員對服裝馬馬虎虎、漫不經心、丟三落四，或狠狠地撕扯商品外面的包裝等。這時就算商品不會受損，銷售員這種粗暴的行為也會讓顧客精神緊張，進而對商品的品質產生懷疑。這些行為也不是迎接顧客的良好表現。因此，要做好迎接顧客的準備，包括物質準備、精神準備、服務行為等。

一般來說，接待顧客的準備工作包括：

★ **保持正確的待客姿勢**：店員必須在能環視自己職責的範圍內，站在距離櫃檯一個拳頭間隔的地方，雙手自然地疊放在櫃檯上，或在身前交叉。

★ **選擇適合的待客位置**：站在能夠照顧到自己負責的服裝區域，並容易與顧客進行初步接觸的位置。

★ **進行待客準備工作**：當店面沒有顧客時，銷售員要進行服裝清點、整理、補充，準備再次銷售，或整理發票和處理簡單事務。

· 在沒有顧客臨櫃時，要將被顧客挑選過的商品重新擺放整齊，補充已售出的商品，認真檢查商品包裝。一旦顧客來到櫃檯前， 就應該立即停下手中的事情，準備接待顧客。
· 要檢查包裝用品是否夠用，各種銷售用具也要檢查好、準備好，以便在接待顧客時，操作起來得心應手。
· 檢查櫃檯貨架，及時將灰塵擦乾淨，讓顧客有所好感。

有些服裝銷售員在沒有顧客的情形下，就會離開商品，無所事事地四處遊蕩，這對銷售來說是一大危害。這樣的門市容易給人死氣沉沉的感覺。而那些服務積極主動的銷售員，即使沒有顧客上門，也會主動做一些其他工作。例如，整理服裝，把服裝掛好、擦櫃檯、整理商品包裝、記錄營業狀況等，這些動作通常被比喻為「吸引顧客的舞蹈」。這樣可以給顧客一種生意不錯的感覺，使顧客對門市裡的服裝產生興趣。

★ **保持最佳待客狀態**：不論什麼時候，是否有顧客光臨，服裝銷售員都應該打起精神，精神飽滿、信心百倍地迎接顧客。

如果銷售員目光呆滯、無精打采，就會給顧客不求上進的感覺。如果銷售員毫不留神，做起事來顯得漫不經心，也會給顧客不負責任的印象。因此，優秀的銷售員應該讓自己始終處於最佳的精神狀態。這也是歡迎顧客的表現。

準備工作是銷售行為的輔助，因此，要眼觀六路、耳聽八方，時刻做好接待顧客的準備。不論自己正在做什麼，如果有顧客光臨，應立即停止手中的工作，全神貫注地迎接顧客。這才是「顧客為王」的服務之道。

第二章
掌握接近顧客的時機和方式

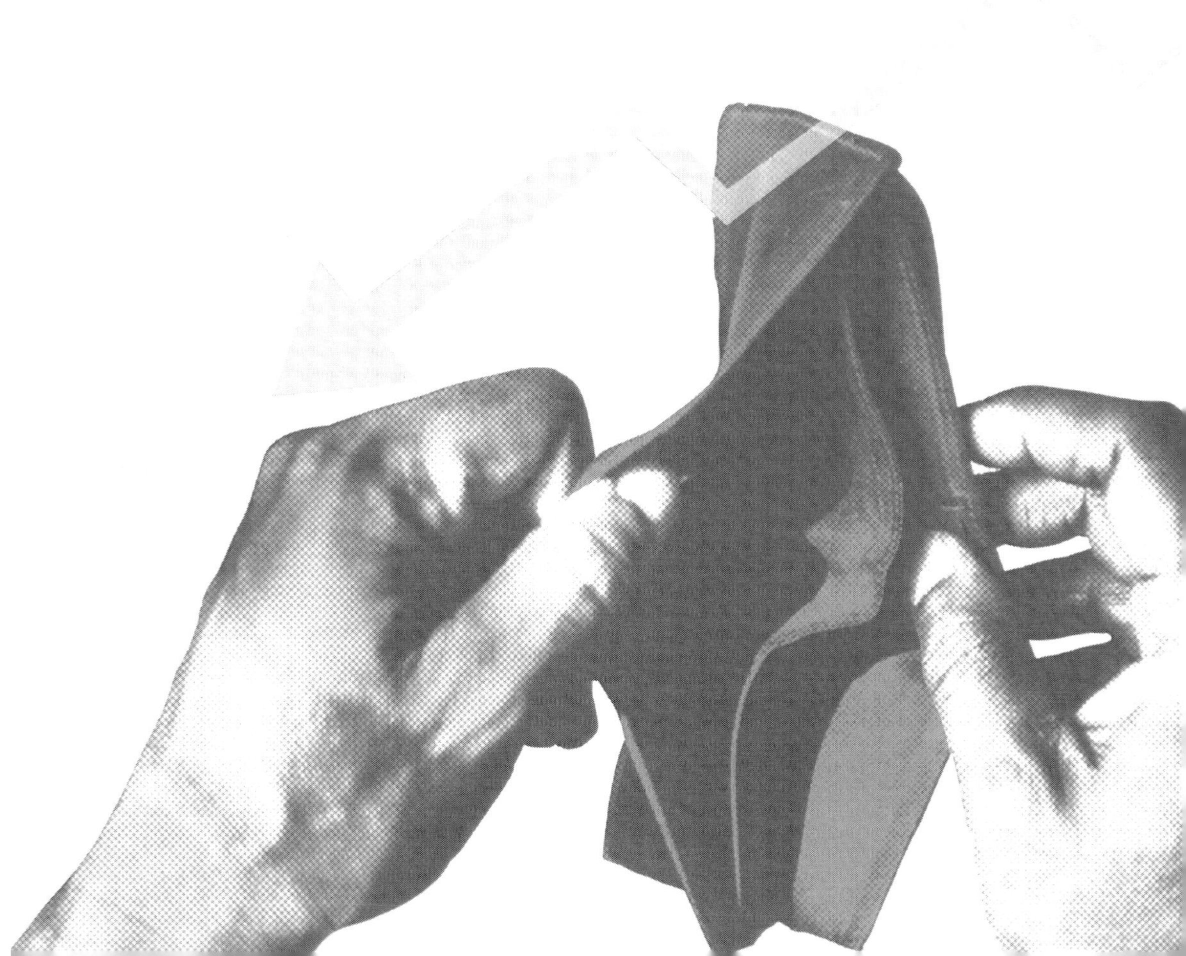

顧客走進店裡，自然要去招呼他們，不讓顧客有被冷落的感覺。可是，銷售員如果不懂得其中的技巧，就很難達到行銷的目的。

很多服裝銷售員的服務態度過於熱情，在很遠的地方就和顧客打招呼，一旦顧客走近，更是如影隨形，並喋喋不休地介紹商品。這會讓顧客感到一種無形的壓力，甚至會讓顧客產生反感。

顧客初進店，大多沒什麼購買目的，只是先瀏覽和欣賞一下。此時，他們需要放慢或停下腳步，調整視線適應店內的格局，看清店裡的服裝種類，如果銷售員急不可耐地前去打招呼，就會干擾、影響他們自由自在的觀賞和聯想。因此，適當掌握接近顧客的時機和方式，才能達到吸引顧客注意力的目的。

1 「上帝」也需要距離

接近顧客是服裝銷售員開展銷售活動的重要步驟，也是吸引顧客注意並迅速使其對服裝產生興趣的過程。不但能拉近銷售員與顧客心理距離，還可以盡快促成交易。但是接近顧客並不是如保鑣般寸步不離。

我們都知道，顧客是上帝，但即便上帝來到我們面前，也不能一哄而上、寸步不離，過度的熱情和尊重，上帝也會受不了。上帝也需要距離！

在日常選購服裝時，我們經常會遇到這種情況：顧客剛邁進店門，服裝銷售員就立即上前說「歡迎光臨！請問您想買點什麼？」緊接著就尾隨其後，或環繞周圍亦步亦趨，不厭其煩地熱情介紹「這是我們最新款的產品」、「這款產品現在在特價」、「這是……」，似乎好不容易才看到想捕獲的獵物一樣，生怕這些「財神爺」被他人搶走。但是，這樣的結果是，顧客只能窘迫地走開。

1、「上帝」也需要距離

顧客為什麼會走開呢？因為顧客沒有一絲自由的感覺。銷售員這種過度的熱情，他們反而感覺不自在。

其實，很多顧客都是主觀意識非常強的人，他們對選購服裝也有自己獨到的審美感受，寧願在無人干擾的情況下選擇商品。即便那些隨意瀏覽的顧客，也只會在碰到合意的服裝時才購買。如果在他們還沒有選擇好購買哪種服裝前，就熱情地環繞周圍，問他們要買什麼，會給顧客造成壓迫感，及強制購買的感受，破壞了顧客自己隨意瀏覽的自由空間。

如果顧客興致極高地欣賞琳瑯滿目的服裝時，銷售員離顧客太近，也容易讓顧客有被監督、被懷疑的感覺。銷售員像防賊一樣盯著自己，只會引起反抗心理。這種接近顧客的方式等於是變相地驅趕顧客。

本來，顧客逛街並非都是購物使然，有些人只是希望在另一種環境中享受輕鬆自然的氛圍，藉機放鬆自己緊繃的神經。此時，當然不希望受到服裝銷售員過多的干擾。如果服裝銷售員提前進入他們的視線，容易破壞他們怡然自得的心情。因此，與顧客保持適度的距離才是尊重顧客的表現。

從心理學的角度來看，在每個人的內心深處，都有一道看不見的「圍牆」，自我保護著自由的自我空間。這個自我空間是不容侵犯的，如果有人入侵了，人們就會產生不安和受威脅的壓力感。因此，接近顧客的距離太近容易讓顧客產生不安全的感覺。

我們都有過這種感受，即便是再要好的朋友，如果他進入你家時，就像在自己家中一樣隨便，廚房、臥室隨便亂逛，你的內心也會很反感。因為那些地方都是自己的私人空間，特別是臥室，簡直就是自己隱祕的心靈領地，怎能隨意讓別人一覽無餘呢？因此，在接近顧客中，服裝銷售員不能像「探照燈」一樣光芒四射，不給顧客留隱祕空間，應注意尊重他們的

安全地帶，不要隨意侵犯。

那麼，既然要給顧客一個自由的瀏覽空間，是否就意味著要站得遠遠的，那豈不是最能讓顧客感到放心嗎？非也！過於疏遠的距離也是不恰當的。要知道，顧客固然不喜歡保鑣式和探照燈式的銷售員，但是更不希望銷售員對自己漠不關心。如果銷售員看見顧客進店後，只是自顧自的繼續忙自己的事情，等到顧客想要門市銷售員幫助時，也不及時跟進，那麼，他們怎能體會到身為「上帝」那種既受歡迎又受尊重的良好感覺呢？因此，讓顧客自由地挑選服裝並不意味著對顧客不理不睬、不聞不問，重點是與顧客保持的距離。

一般在大超市裡的服務人員，在顧客選購商品時，他們會適時指導，但又懂得保持適當距離，給人自主的選擇空間。這樣既可以讓顧客知道服裝銷售員的存在，又不會給顧客帶來太大的壓力。

那麼，服裝銷售員與顧客保持怎樣的距離，才能既讓顧客有自由的感覺，又能方便銷售員觀察顧客呢？業內人士根據銷售員的實踐經驗，提出了一個至關重要的 3 公尺原則。在為顧客服務或觀察顧客時，服裝銷售員絕對不可以站在距離顧客 3 公尺以外的地方，否則會讓顧客有被冷落、不受重視的感覺。

「3 公尺原則」是服裝銷售員與顧客之間的最長距離。當顧客和你的距離在 3 公尺時，可以和顧客打招呼、微笑、目光接觸。保持在 3 公尺以內的距離，既不會讓顧客反感，又能讓銷售員自己方便用眼睛跟隨、觀察顧客，並在顧客需要服務時及時上前提供。當然，如果你的店鋪服裝琳瑯滿目，且空間設計還有一些支柱和轉角，容易阻擋顧客和你的視線，那麼，可以和顧客保持在 1 公尺之外的距離，這是讓顧客感到安全的距離。

總之，與顧客保持一定的距離，既能讓顧客隨意瀏覽的心情不會遭到破壞，也便於銷售員及時地提供幫助，這樣才更能展現出尊重顧客、真誠服務的精神，也才會讓「上帝」找到自在安全的感覺。

2 掌握與顧客打招呼的時機

銷售員與顧客打招呼，主動靠近顧客，是接待的開始。

一般來說，顧客走近店門，銷售員首先應與顧客打招呼，這是禮貌待客的具體表現。可是，常常有一些銷售員，在顧客剛跨進店門時就喋喋不休地為他們介紹商品；或當顧客的目光隨意瀏覽時，立即湊上前連聲追問「買什麼？」；或連忙把自己認為暢銷的服裝遞到顧客面前。可是，顧客卻態度冷漠，甚至馬上拉下臉，像看見蒼蠅一樣討厭的模樣。

銷售員對此不解，自己這麼熱情就是為了方便顧客選到滿意的商品，好心接近顧客介紹各種產品，有的顧客卻一點也不領情，反而調頭就走，太不知好歹了！

究竟是顧客「不近人情」，還是銷售員 「熱情過火」？ 其實，銷售員的這些行為就是因為沒有掌握到接近顧客的時機。

雖然，隨著市場經濟的到來，熱情服務遍地開花。但服務熱情太超過，也會讓人感覺極其不舒服。凡事皆有尺度，即使是服務熱情，如果超過尺度，也會產生反效果，讓人感覺是假的了。如果說，顧客本來還沒有到需要你服務的程度，此時，你的主動就可能讓人家沒有心理準備，因此，要掌握接近顧客的時機、要察顏觀色，區別情況加以對待，不要任何人上門一律立即熱情相迎。

一般來說，進店的顧客有一類是有明確目的的，這類顧客沒進店前就已事先打算要在店內購物。那麼，對待這類顧客，銷售員積極熱情的接

待，並不會讓他們產生不安的情緒，即使銷售員熱情推薦產品他們也不會離開。然而現實中，目的型顧客的數量很少，絕大部分是購物隨意性很強的閒逛型顧客。這些閒逛型顧客購物時常常是憑一時衝動，除非他們在閒逛中看中了某款服裝，否則其進店後需要短暫的時間來觀察一下店內的情況，以便進行選購。這時，如果服裝銷售員貿然上前打招呼，會打斷顧客的思考和判斷思路。即便想購物的顧客也會興致大減，而匆匆離去。因此，銷售員一定要掌握適時推銷的時機，在顧客還沒有認可你前，不要急於表現。

那麼，什麼時間才是接近顧客的最佳時機呢？

從顧客購買活動的心理變化過程來看，接近顧客的最佳時機是在對某種商品產生興趣與發生聯想時，在這之前或之後都不適宜接近。

那麼，怎麼掌握這些適當的時機呢？

一般來說，在顧客發出以下信號時，就是接近顧客的最佳時機。

■ 當顧客花較久時間注視某件服裝時

當顧客花較久時間仔細觀察某件服裝時，通常表明他對這件服裝或這種款式產生興趣，此時正是你接近顧客的好時機。但是，服裝銷售員也要給顧客一定的思考時間。因為，顧客此時要思考這種服裝的款式、顏色等是否與自己相配，因此，通常是在顧客觀察服裝15秒時接近顧客。當然，也不要太匆忙，避免引起顧客的懷疑，最好是在顧客專心看衣服、不知不覺接近他們。

■ 當顧客用手去觸摸服裝或是找標籤和價格時

當顧客用手去觸摸服裝或是找標籤和價格時，通常可以表明他對該服裝產生了興趣，想知道服裝的品牌、價格、材質成分，特別是產地、廠商是否正宗等。這種情況下，服裝銷售員不宜馬上接近顧客，應有耐心，要等顧客查看完標籤後再上前招呼，否則可能會把顧客嚇一跳。

■ 當顧客處於尋找狀態時

當顧客處於尋找狀態時，服裝銷售員應立即上前詢問：「請問我能為您做點什麼嗎？」以了解顧客的選購目標，避免顧客因長時間找不到他想要的服裝而失去銷售機會。

很多人在超市購物時，一開始會忘記拿購物籃。在手裡拿滿東西時，常常會四處張望，尋找一個可以利用的購物籃。這時，如果服務人員走過來問道：「您需要購物籃嗎？」這就是抓對接近顧客的時機，在顧客最需要的時候出現。

■ 當顧客突然停下腳步時

當顧客在閒逛中突然停下腳步時，很有可能是見到了「一見鍾情」的服裝。此時服裝銷售員千萬不能放棄這個接近顧客的大好機會。當然，在接近之前服裝銷售員應先注意顧客的目光所接觸到的服裝，以便展開關於此款服裝的話題。

■ 當顧客抬起頭來時

有時，顧客在注視某件服裝一段時間後，會突然把頭抬起來。此時，通常有兩種可能：一是顧客在尋找服裝銷售員，因為他對這件服裝的品

質、材質等感到好奇，希望得到幫助；二是顧客決定不看了，想要離去。

在第一種情況下，服裝銷售員要把握住機會，立即與顧客接觸，會有成交的可能；在第二種情況下，如果服裝銷售員能夠適時地接近，探詢其離去的原因，並作正確的引導，可能還有挽回的餘地。

■ 當顧客主動提問時

顧客如果主動向服裝銷售員提問，表明他需要得到服務，這是服裝銷售員接近顧客的極好機會。

■ 當顧客徑直走向某一專櫃時

有些顧客也許是提前做過觀察，也許是急於買到自己需要的衣服。他們一進店門就會徑直走向某一專櫃。此時，服裝銷售員應該抓住他們的急迫心理，主動接近，輕聲打招呼，迅速完成交易過程。

■ 顧客再度光臨時

大多數顧客都喜歡貨比三家，尤其是當你們店與其他店聚集經營時，顧客總會比來比去。如果先前來過的顧客再度進門時，很有可能是他們在「貨比三家」後覺得還是這裡的服裝比較好。再度光臨的顧客通常是下定了決心。此時，服裝銷售員就應該以最快的速度出現在顧客面前，為他們提供及時的服務。

只有先接近顧客，才能了解他們的需求，向顧客推銷自己的服裝。因此，銷售員只要掌握初步接觸顧客的恰當時機，服裝銷售就已成功了一半。

3 讓顧客對你一見鍾情

顧客要購物，首先需要對銷售員產生良好的印象。據美國紐約某銷售聯誼會的統計，71%的人之所以會從某個店或某個人那裡購買，是因為他們喜歡你、信任你。

因為每位走進店裡的顧客，既是在接受銷售員所提供的服務，也是在與銷售員進行人與人之間的交往。他們都面臨著功能和心理兩個方面的問題。在功能方面，顧客關心能不能買到稱心如意的衣服？能買到什麼樣的衣服？在心理方面，他們關心自己遇到了什麼樣的銷售員？是態度和藹、謙恭呢？還是冷冰冰、說話硬邦邦的銷售員呢？與這位銷售員打交道是輕鬆愉快呢？還是很糟糕、讓人一想起來就生氣呢？ 因此，銷售員要贏得顧客的信任和好感，首先需要讓顧客和你一見鍾情。

一名優秀的銷售員給顧客的感覺應該是，一看到他，就覺得很舒服、很自然，舉手投足都透露著專業性和親切感，以至於還沒開口，顧客就已經信任他、願意和他合作了。

可是，要做到這些，可不像想像的那麼簡單。

有些銷售員在向顧客打招呼時，面無表情，語調不高不低，眼睛根本就不看顧客；或麻木不仁、不主動、不親切。可想而知，這種不是發自內心的歡迎，怎能讓顧客滿意呢？

有家市調公司專門對幾家服裝店中自認表現不錯的銷售員進行調查，結果得出的結論是：

A 店的這位女性銷售員雖然態度不錯，但明顯是故作真誠，對誰都是那一套，讓人有應付的感覺；

B 店這位年輕人開朗、非常活躍，但給人油嘴滑舌的感覺，而且穿戴也太隨便，舉止都不穩重，從他那裡買東西實在有點不放心；

C 店這位男銷售員，人到中年，看起來滿穩重的，但是一直不苟言笑、一本正經的模樣，似乎像老師；

D 店的銷售員都穿著淡綠色的店服，給人清新明快的感覺，而且他們接待顧客大方、熱情、又很自然、隨和，感覺很真誠。

或許你會說我不是那種人，我熱情、真誠，所作所為都是發自內心的，但你的這些好特質，也需要透過適當的表現方式展示出來，讓顧客感受到。首要條件是要讓顧客看到。

顧客進入服裝店，第一眼就是透過觀察銷售員的表情來判斷自己是否真的受歡迎。很多時候，店員的一個微笑、一個眼神、一句話語，都可以讓顧客留下深刻的印象。而且顧客看銷售員，不是從服裝店的角度出發，而是從他們自己的感受和第一印象出發。因此，只有符合他們標準的銷售員才會得到他們的喜愛。

一般而言，初次見面，要讓顧客對你留下好印象，需要注意以下幾點：

■ 讓你的眼神表達真誠

眼睛是心靈之窗。如果內心充滿善良和友愛，那麼眼睛的笑容一定也非常感人。眼神間的接觸是最能表現誠意的地方，一個溫馨的眼神會讓顧客感受到親切。因此，當顧客進店後，站在櫃檯或服裝貨架前的銷售員首先要用自己的眼神與顧客打招呼。

如果銷售員兩眼空洞無神或目光游移不定，就會給顧客留下心不在焉的印象。另外，目光游移不定常常是為人輕浮或不誠實的表現，顧客會對目光游移的銷售人員特別警惕和防範，這顯然會拉大彼此間的心理距離。

因此，如果想讓顧客感受到你的真誠，請與顧客進行眼神的交流，保持真誠的熱望目光。炯炯有神的雙眼可以向客戶傳遞你的熱情和自信。

但是，與顧客的眼神接觸也需要掌握一定的尺度。時間太短，客戶會認為銷售人員對這次談話沒有太大興趣；時間太長，客戶又會感到不自在。因此，可將目光停留的範圍放置在顧客的大三角區（從額頭到肩膀間的區域，眼睛除外），點到為止。

■ 露出你的微笑

常言道：人無笑臉莫開店。微笑，代表友善、快樂，可以消除彼此間的不信任感。在服裝銷售的過程中，至關重要的也是微笑服務。

微笑不僅是體態語言，還能反映出人的情緒狀態及精神面貌，且微笑是人所擁有的一種高雅氣質。

微笑既是銷售員本身素養、文明程度的外在表現，又標誌著服務水準的高低，傳遞友好、親切、愉快的訊息。微笑如和煦的春風，使人感到溫暖、親切和愉快，還能表現出對別人的理解、關心和友愛。銷售員可以借助自己的微笑，縮短彼此情感上的距離。

耶魯大學曾經做過一項有關「影響力」的研究。經過對受測者的容貌、個性和態度各方面評估發現，笑容是個人發揮影響力的最大利器。

在現代商務禮儀中，要求服務人員的微笑要融入感情，眼神要流露出欣喜，同時稍微點頭致意。如果臉在笑，但心不笑；內心厭惡和排斥顧客，卻裝出「職業性微笑」，敏感的顧客都會感受到。所以，服裝銷售員在接待顧客時，必須發自內心地微笑，既要讓顧客在微笑服務中感受被尊重和關愛，又不至於讓顧客覺得太過客氣和生疏。

總之，微笑是世界通用語言，無論雙方的表達方式或生活習慣等有多大差別，彼此間真誠的微笑常常可以消除一切隔閡。因此，銷售員在與顧客打招呼時，應面帶笑容。

■ 語氣要溫和、親切

我們都有這種經驗，如果一個人對你說話總是情緒激動、語言生硬冰冷，這個人在你心目中的印象肯定會大打折扣。

比如，當銷售員問顧客「你要買什麼？」和「請問有什麼需要幫忙的嗎？」這兩句話因語氣、態度的不同，給顧客的感覺就完全不一樣。因此，在與顧客打招呼時，語氣要親切、友好。

另外，語調要輕聲而不高亢。如果問候顧客的聲音太小，顧客聽起來就會感到很吃力，而且也不能充分表現你的熱情。當然，聲音也不能太大。銷售員問候顧客的聲音，只要顧客能夠清晰聽清楚即可。因此，如果你是天生的大嗓門，語調偏高，就要練習讓語調變得低沉一點。專業人士經過調查發現，明朗、低沉、愉快的語調是最吸引人的。

當然，如果語言與表情相配合，你的問候將更具感染力。

■ 動作得體

銷售員與顧客打招呼時，無論是輕輕的點頭，還是充滿熱情的微笑，都要做到落落大方、親切和藹。

禮儀是人們在頻繁的交往中彼此表示尊重與友好的行為規範。有效的待客禮儀意味著良好的顧客關係，銷售員身為維持顧客關係的重要角色，特別要注重禮儀。對顧客來說，銷售員的風度、修養，比起外表更加重要。禮貌可以贏得彼此的尊重與信任，顧客一旦覺得受到尊重，就願意久留。

一般來說，當顧客走到門前時，要主動微笑相迎，主動打招呼。在開放式的服務空間中迎接賓客，要記住「5 步目迎，3 步問候」的原則。目迎就是行注目禮。銷售員注意到顧客已經過來了，就要採用迎向顧客的姿勢，抬頭、挺胸，用眼神來表達關注和歡迎。注目禮的距離以 5 步為宜，在距離 3 步的時候，銷售員就要快步走向顧客，給顧客留下良好的印象，以贏得顧客的信賴。

總之，舉止言談要和顧客最討厭的那種人沒有共同之處。

在服務致勝的時代，銷售員的使命已經從商業化發展到公益化，顧客選擇到商場購物，不僅是要購買有形產品，還要求商品之外的附加價值，也就是由服務禮儀帶來的內心感受。因此，如果服裝銷售員有良好的素養，以笑容可掬的表情、明亮清晰的聲音、適宜敬重的語言與顧客交往，讓顧客第一眼就喜歡你、信任你，就可以在潛移默化中贏得顧客的再次惠顧。

4 正確運用招呼語

招呼語是銷售員對顧客說的第一句話，也就是銷售員的開場白。能否留住顧客，開場白很重要。

根據調查顯示，進入店面的顧客中有 75%是沒有明顯購物意圖的，他們通常只在店裡待 3 ～ 5 分鐘。 因此，銷售員要在這 3 ～ 5 分鐘的時間內留住顧客，開場白很重要。只有透過第一句話讓顧客感到親切、舒心，才有下一步的良好溝通。

許多銷售員可能不了解，招呼語有什麼至關重要的，誰不會說，不就是「您好！歡迎光臨」之類的嗎？這些誰不會說？是這樣嗎？

以下這些招呼就不夠完備。

★「**帥哥**」、「**美女**」**濫用**：很多服裝銷售員在招呼客人時，不管對方外貌形象如何，總是喜歡用「帥哥」、「美女」來稱呼，這種招呼語受歡迎嗎？如果對方長得還不錯，顧客可能可以接受；但若顧客長得普通，人家還以為你是在諷刺嘲笑呢！因為這種稱呼的目的性太強，實在不可取。

★「**您好！請問您想買什麼？**」：當顧客走進服裝店時，有些銷售員總愛習慣性地問一句「您好！請問您想買點什麼？」

雖然，這樣的問候很禮貌，也很熱情，但是，顧客聽到卻感覺非常不舒服，似乎有強迫消費的嫌疑。他們對這句問候不僅不會接受，反而會質問銷售員：「就算不買，我不能看看嗎？」結果弄得雙方都很尷尬。

當然，與顧客打招呼就是為了讓他們知道銷售員已經留意到他們的到來，並對其到來表示歡迎；另一方面也是為了藉機了解顧客的需求。但是，如果不掌握說話的藝術，也達不到自己的目的。因此，在接近顧客時，千萬要注意開口說好招呼語的重要性。

其實，在與顧客打招呼時，不論新顧客還是老顧客，男性還是女性，老人還是兒童，最有效的方法就是用友好和職業性的服務用語接近顧客，正確恰當地使用文明、禮貌、誠懇、親切的用語。以下方式不妨一試：

■ 人性化招呼語

可以根據顧客的年齡、性別、職業等特點來靈活地決定招呼語的形式。

例如，對年輕顧客要表現得活潑熱情，用「妹妹」、「弟弟」等；對老年顧客要穩重大方，用「大姐」、「大哥」等；對兒童要活潑可親，用

「小弟弟」、「小朋友」等來稱呼。和小孩打招呼太過禮貌會聽起來不自然，而過於敷衍也會顯得草率，最好採取輕快的口氣。這些人性化的稱呼比起泛泛的「您好」、「歡迎光臨」等可親度更強。

■ 職業性稱呼

對於上班族，可以用「女士、先生」等；對於商務人士，可以用「經理、老闆」等稱呼。這些職業化稱呼給人穩重和尊敬的感覺。

■ 我可以為您提供什麼幫助

如果顧客到來，千篇一律都是「您好！歡迎光臨！」之後就沒有下文，顯然無法達到銷售目的。顧客通常也都會點頭回應後，自顧自走開。因此，你可以這樣招呼顧客：「您好！我可以為您提供什麼幫助？」此時，不論哪種顧客都會有應答的下文。

如果是「目的型」顧客，可能會馬上告訴你拿哪一種款式的服裝；如果是閒逛型，可能會告訴你「沒關係，我先看看」。

藉由這種招呼語，你就可以了解顧客來服裝店的目的。

■ 強調店名或品牌名，加深顧客的印象

如果顧客到來，銷售員說：「您好，歡迎光臨」或者「您好！請隨便看看！」等，給人的感覺是，這種招呼語似曾相識。不是嗎？我們走進任何一家旅館、酒店或超市、商場，不都可以聽到這樣的招呼嗎？那麼，怎樣才能從第一句招呼語就凸顯出服裝店的功能呢？

你可以這樣說：「您好，歡迎光臨 XX 服裝店」或者「您好，歡迎光臨 XX 品牌店」，那麼，顧客的腦中馬上就留下了服裝店名或品牌名的印象，也許還會抬頭看一下招牌。因為有許多顧客只是從櫥窗或門外看見服

裝就進來，至於店名恐怕沒有印象。如此招呼語，正好讓顧客記住了店名。如果店裡正好有他們喜歡的服裝，那麼，店名就成為他們下次消費的指南了。

這樣招呼，不就等於免費幫本店做廣告嗎？何樂而不為？

■ 熟客，以姓氏稱呼

對於熟客，要表現出特別歡迎之意，不能僅用一句「歡迎光臨！」來表示，這樣與普通顧客沒什麼兩樣。也不能這樣直接地問：「這次準備買什麼呢？」那就過於商業化，缺少人情味了。對於熟客，當然要記住他們的姓氏，這就把他們和一般顧客區分開來了。顧客馬上感覺到「鶴立雞群」。

另外，如果再話話家常，或以誇張的語氣加以讚美，顧客那種被重視和受歡迎的感覺也會喜形於色。

比如，對於經常來的熟客，可以這樣稱呼：

「您好，劉太太，逛了那麼久一定累了吧？先坐下來喝杯水吧！前2天我們剛進了一批新貨，等會我再慢慢向您介紹，好嗎？」

「哎呀！馬大姐，您今天打扮得好漂亮啊！有段時間沒看到您了，最近忙嗎？上次買的那套裙子穿得還滿意吧？最近我們又到了一些新款，您看看喜歡哪幾款，我拿來給您試試！」

「李大哥，您來得真巧，我們剛進來一批新貨，我幫您介紹介紹吧？」

以上這些親切的稱呼，立刻縮短了和顧客的距離。

■ 妙用讚美稱呼法

俗話說：「良言一句三春暖」，好話永遠動聽。所謂「讚美接近法」，是指以讚美的方式對顧客的外表、氣質以及與顧客有關、值得顧客自豪的地方進行讚美，以順利接近顧客。例如：

「小姐，您的包很漂亮，在哪裡買的啊？」

「先生，您的髮型很時髦耶！在哪裡做的啊？」

「這位先生，這是您的小孩吧！真可愛！小朋友，你幾歲呀？」

這樣的稱呼語通常簡短俐落，直搗要讚美的對象。如果你的讚美得當，顧客通常都會表示友好，並樂意與你交流。

■ 分別招呼到每位顧客

有時，在節、假日或有促銷活動時，可能會有許多顧客到來，此時，怎麼做才能照顧好每位顧客，讓他們每個人都感覺自己受到關照呢？

如果銷售員只是說：「請稍等一下，我馬上過去。」即便有禮貌，也會令顧客有待慢的感覺。因此，銷售員要耳目靈活、沉著冷靜、態度和氣、動作迅速，力求做到「接待 1、照顧 2、招呼 3」。分清楚先後順序，依次接待。

這時，我們要先安撫眼前的顧客，「對不起，請稍等一下」，說完後立刻轉到新來的顧客面前：「先生您好！您先看看喜歡哪款服裝？」先穩住顧客，讓他了解一下產品。穩住顧客後馬上和前面的顧客溝通：「這位小姐，透過我剛才的介紹，這款服裝是否符合您的要求……」。

直到把第 —— 批顧客搞定，再轉到新來的顧客那裡：「對不起，讓您久等了。」這樣做，你會發現，你能掌控到每一批顧客。

另外，在與顧客打招呼時，也要注意語音和語速、語調的變化，讓顧

客能從中感受到親切和驚喜。一般來說，語音應以低音為主，但要吐字清楚、語句清晰，不能模糊不清。語調要注意高低音適度，不能太尖利刺耳，也不能聲音太低。

曾經有位顧客就是因為銷售員聲音太低，聽不清楚，非要求銷售員重新說一遍「您好！歡迎光臨！」因為聲音太低，顧客感到自己不受尊重。因此，語調要適中，語速要因人而異、快慢適中，根據不同的對象，靈活掌握，恰到好處地表達，讓人可以聽清楚並理解，收到良好的效果。

另外，在與顧客打招呼中，也可以運用語氣詞來表達感情色彩。

總之，服裝銷售員與顧客打招呼時也需要講究語言藝術。與顧客打招呼，既要文明禮貌，更要注意親切委婉動聽，表現出溫文儒雅的良好形象。

當然，顧客形形色色，心態千變萬化，每個服裝店都很難完全預定專門的應答語言，也無法預先演練。這就要求銷售員在日常工作中對各類顧客的性格、心理、習慣、風俗等仔細觀察了解。爭取透過第一句招呼語，就能讓每位顧客在短時間內對自己產生好感，對服裝店留下印象，達到目標。

5 練就一雙善於觀察的慧眼

觀察是銷售員的基本功。具有良好觀察能力的銷售員，不僅能從顧客的言談舉止、面部表情和視線上，準確判斷顧客的意圖和興趣指向，且能了解顧客的氣質特點，進而迅速掌握顧客的心理變化，靈活運用相應的接待方法，滿足顧客的需求。

有位美國一流的銷售女明星就具有非凡的觀測力和親和力。通常，顧客剛走進店門，她只需透過 1、2 句簡單的招呼，或顧客的一個眼神和動作，就能看透顧客的心理。

例如，見到顧客面帶憂愁，她會十分關心地問道：「這位太太您好！看您面帶憂愁，好像有什麼困難，我能為您做點什麼嗎？」

顧客可能對自己的表情沒有察覺，經她這麼貼心地一問，不由得十分感動。

由於這位女銷售明星能夠透過觀察快速抓住顧客的心，並打動對方，從而找到與顧客拉近距離的方法，擁有了眾多的客源。凡是來她櫃檯的顧客，很少有空手離去的。這種有針對性的接近顧客方式，使她很快從眾多的銷售員中脫穎而出。她每天的營業額比其他營業員高出40%左右。

一般而言，心有所想，身有所動。人們的心理變化都會從自己的表情中不經意流露出來。因此，若想成為優秀的服裝銷售員，就必須具備敏銳的觀察力，善於從顧客的言談舉止、面部表情和視線中，揣摩顧客的各種心理。這麼做有利於挖掘出顧客真正的購買意圖，促進交易的達成。

透過觀察顧客走進服裝店的動作舉止，你可以發現，儘管自己每天都要接待許多顧客，但這些顧客的舉止行為是完全不同的。因此，要學會為他們分類，才能掌握接近顧客的技巧，自己的銷售行為才會有針對性。

■ 目的型顧客——直奔服裝

有些顧客進店後，通常目不斜視，視線集中專注，腳步快，直奔某款服裝或專櫃而來。這類顧客就是目的型顧客，他們來店就是為了購買服裝。

這類顧客多半非常了解自己的想法，或對產品有急切需求，或對品牌認可度高。此類顧客一般步履匆忙，會大步流星地經過銷售員的身邊，甚至對門市銷售員的招呼視而不見，或僅做個點頭和擺手的姿勢。

對於這類顧客，銷售員沒有必要拿取更多的服裝反覆介紹，可以根據顧客的要求，迅速地把其需要的服裝展示在他們面前，供其挑選。

也可以在招呼過後馬上以高度濃縮的語言告知公司的優惠訊息，快速引起他們的注意。不妨這樣稱讚他們，如「先生，您眼光真不錯，這款服裝現在正在優惠……。」

如果你還想做點關於其他服裝或公司優惠活動的介紹，但顧客沒有表現出絲毫的興趣或用力的揮手，那就不要再費口舌，以防其他顧客看到而產生躲避行為。

■ 目的半明確型顧客

此類顧客雖然來服裝店是要購買服裝，但是，或許是因為對款式、品質不太清楚，或是因為對服裝店陌生，他們的目光比較游移，不停地在各種款式上掃來掃去。因此，銷售員要給他們一個自由的空間和時間去欣賞服裝。等他們確實看中時，就可以接近他們，進行引導購買。如：「這位女士，這個顏色可能您會比較喜歡。」

■ 猶豫不決型顧客

有類顧客明明下決心要購買，可是對於購買服裝的價格、花色和款式總是猶豫不決，缺乏判斷能力，因此，總是左看看右比比，問問產地，比比品質，再比較價格，徘徊不定。

這類顧客通常心思細膩、慢性子、有足夠的耐心，因此，銷售員在與他們打過簡短的招呼後，應與他們保持一定的距離，給他們一段時間讓他們隨意瀏覽。直到感覺他們實在拿不定主意時，才主動熱情地為顧客介紹，幫助他們挑選。否則，太早介入會引起他們的反感，更不可催促顧客快點下決定。

閒逛型顧客

這類顧客通常是慢悠悠地東張西望，沒有什麼明確的購買目的。也許是因為心情不好，來逛商店宣泄內心的鬱悶；也許純粹就為消磨時間。如前所言，據調查，不論在超市還是各種專賣店中，幾乎有75%的顧客屬於閒逛型。其實，正是這些悠閒地走著、眼睛四處看、穿著也很隨意的顧客，是最容易接近的類型，可採用如下方式進行接待：

「小姐，您好！歡迎來到……。」

「請慢慢欣賞，如有需要請叫我。」

對於這類顧客，除了禮貌地打招呼外，不需要過度介紹服裝的情況，以免引起他們的反感。如果有顧客對某種服裝產生興趣，要抓住時機熱情詳細地介紹，有可能這筆生意就成交了。

對於那些心情不好閒逛的顧客，要識相，少打擾為佳，忌尾隨且喋喋不休地進行推薦和介紹。待其對某款產品產生興趣後，再為他們介紹也不遲。

好奇型

有類顧客好奇心很強，不是被店外獨特的裝修風格所打動，就是被店門前聚集的人群所吸引，免不了想進去觀看一番。這類顧客進店後，往往東張西望，左顧右盼，對什麼都好奇，而且還邊走邊看邊用手摸，就像旅遊團在參觀遊覽一樣。

銷售員在接待這類顧客時，要抱著歡迎的態度，不論他們是被產品的差異性或個性化陳列吸引，還是被促銷活動吸引的，都應趁熱打鐵，簡短強調促銷的內容或顧客看重（被吸引）的部分，以達成交易。

總之，不論是哪種類型的顧客，銷售員只有透過觀察，準確把握顧客來訪店面的目的，才能相對應地做好接待工作。

知己知彼，方能銷無不售。一個好的銷售員，要養成善於觀察客戶的好習慣。想提高觀察能力，需要在實踐中鍛鍊，注意把平時的用心積累。只有從觀察中真正摸清客戶的底細，你才能針對客戶量身制定銷售策略。

6 掌握幾種接近顧客的方法

接近顧客不僅只是銷售員向顧客打招呼表示歡迎，而是為了藉機詢問顧客需要的服裝。因此，要掌握不同的接待方式。

有些銷售員不懂得初步接近顧客的方式，見面就誇誇其談自己的服裝或服裝店：「我們是第一品牌」、「我們的服裝最時髦」等等。結果，顧客往往不等他們說完就走出店門。

俗話說：心急吃不了熱豆腐。銷售員亦可將顧客看成香噴噴的豆腐。如果豆腐剛出爐，還沒散熱，你一口咬上去，會燙傷你的舌頭。因此，想讓顧客消費，需要漸漸加熱的過程，掌握幾種接近顧客的方式、方法。

■ 情感接近法

大量研究表示，顧客一般會在到店後的 3 ～ 5 分鐘「黃金」時間內決定離開還是留下。之所以離開還是留下，發揮決定性作用的是情感因素。這包括顧客從銷售員的稱呼、問候中所建立的親切感和信賴感。如果在見到顧客的第一眼時就談服裝，顧客怎能感受到你對他們的關心呢？因此，要從情感上先留住顧客。

比如銷售員對顧客說：「大哥，早安啊！天氣這麼冷，您一大早就來到這裡，真是太感謝了。」這句話讓顧客很感動，同時也說出了自己正好想買羽絨外套的需求。

■ 服務接近法

一般來說，服務接近法最好是對那些急於買東西的顧客採用。這些顧客希望銷售員能提供快速、熱情的服務。在這種情況下，可以單刀直入地向顧客詢問，例如：

「大姐您好，我們有什麼可以幫您的嗎？」

「您好，您想看看什麼服裝？」

等顧客說出自己的需求後，可以進一步問：

「請問您大概穿什麼尺寸的？」

如此，很快就進入了服裝銷售的階段。

■ 介紹接近法

服裝店多如牛毛，當每個銷售員都用同樣的方式招待顧客，顧客就不會有特別的感受。因此，在初次接待顧客時，若能巧妙地加上產品的主要賣點，就會在顧客的心裡留下一些新鮮的印象。

「您好！歡迎光臨，這段時間是我們某某品牌產品的優惠期。」這種問好方式讓顧客對優惠期感興趣。

如果顧客正在觀看某件服裝時，銷售員就應該拿起，或指著產品和顧客搭話，這樣就能引起顧客的興趣和注意。

例如銷售員用手指向產品和顧客搭話：「您好，您正在看的是我們公司推出的最新款服裝。」

當你的介紹和顧客的需要相吻合時，這種方法的效果最為明顯，馬上就能和顧客形成互動。只是，在做這種介紹時，不可一鼓作氣全部說完，要注意到顧客的反應，語氣有所停頓。

■ 讚美接近法

對於那些正在挑選服裝的顧客，當然更希望能聽到銷售員的恰當回應。此時，你可以這樣誇讚他們：

「這件衣服很適合您！」

「您的眼光真好，這是最新上市的商品。」

通常來說，如果店員讚美得當，顧客一般都會表示友好，並樂意與之交流。

總之，只有根據顧客光臨服裝店的不同目的，掌握接近顧客的不同方式，才能探詢出顧客的需求，為服裝推銷打下基礎。

7 謹防不當的語言嚇跑顧客

在接待顧客的過程中，當然離不開語言的表述，語言可以讓人歡喜、讓人憂。有時候，過度禮貌的話語會讓人覺得肉麻，但是太過隨意的話語也絕非好事；還有一些話語甚至可能挑起店員與顧客的矛盾，引起不必要的爭吵，甚至影響整個服裝店的正常經營。因此，在接待顧客時，要謹防不當的語言嚇跑顧客。

首先，熟人也不能太隨意。我們常說「朋友之間也需要禮尚往來。」就算是每天都來光顧的老主顧，彼此已十分熟悉，也要把她（他）視為「顧客」。頭腦中要時刻牢記「顧客」的觀念。

有些銷售員，遇到與自己年齡相仿的客人，談話投緣時，往往會忘了自己與對方的身分而隨隨便便。比如：「什麼？你居然穿這種衣服出門？太俗氣了啦！一點都不時髦！」這種見面禮實在是糟糕透頂。即便他是你的好朋友或熟人、同事，但是，他們來到店裡就是你的顧客，是你的上帝，首先你應該尊敬他們，並注意自己說話的表達方式。

有些話在接近顧客時是很忌諱的。比如：

★「**你要買嗎？**」：當看到顧客左看看右摸摸，或遇到顧客在詢問價格時，有些銷售員常常這樣回答顧客：「你要買嗎？」

這種說法的含義是「不買就別問！不買就走開！」這無疑是逐客令，更是不尊重顧客的表現。

★「**快點挑**」：在顧客挑選時，有些銷售員可能是為了照顧其他顧客，常常會催促他們：「勞駕您快點，好嗎？」、「這些材質都一樣，不用挑。」

這些語言會給顧客一種不耐煩的感覺。

★「**有說明書，自己看**」：在顧客打聽服裝的材質或洗滌方法時，有些銷售員也許是覺得顧客根本不會買，浪費時間，就應付顧客說：「有說明書，你自己看吧！」

這種不負責的態度也會令顧客對他們的服務大打折扣。

★「**到底要不要？**」：有些顧客在挑選服裝的過程中難免猶豫不決，此時，禁止說：「你到底要不要？」這種話語的潛臺詞是「顧客就是來搗亂的。」

★「**沒看到我正在忙嗎？**」：有時候一位銷售員也許會應對許多顧客。此時，難免有心急的顧客會向銷售員問這問那。此時，如果銷售員回：「喊什麼，等一下。沒看到我正在忙嗎？」那麼，給顧客的感覺是：「真討厭，很忙了還添麻煩。」顧客會因此而打消購物念頭。

因此，在接待顧客的過程中，一定要避免以上這些話語的出現。

銷售員主要靠語言與顧客溝通交流，他們的語言是否熱情、禮貌、準

確得體，將直接影響顧客對服裝店的印象。因此，銷售員需要掌握在接待顧客時的語言技巧。以下幾方面是需要注意的：

★ 少用否定句，多用肯定句

否定句 ——「沒有 XXX 服裝。」

肯定句 ——「只有 XXX 服裝。」

否定句式給人的感覺是冷酷無情，沒有絲毫商量的餘地；肯定句式給人的感覺是就算沒有，但是可以諒解。

★ 避免使用命令式，多用請求式

命令式 ——「我來幫你比比大小。」

請求式 ——「能讓我幫您比比大小嗎？」

命令式雖然也是熱心幫忙，但是給顧客的感覺是「顧客在你的掌控之下」；請求的句式就是尊重顧客的表現。

句式不同，表達的意思和效果就會不同，因此，銷售員對於語言的奇妙作用也不能忽視。

想透過語言表達出自己服務顧客的願望，需要時時刻刻在腦海中牢記尊重「顧客」的概念，也可以自己去體驗一次，當當看「顧客」。當其他銷售員對你說出以上那些不當的話語時，自己會是什麼感受？明白了這些，在自己的服務語言中，就會多加注意。

第三章
巧妙探詢顧客的需求

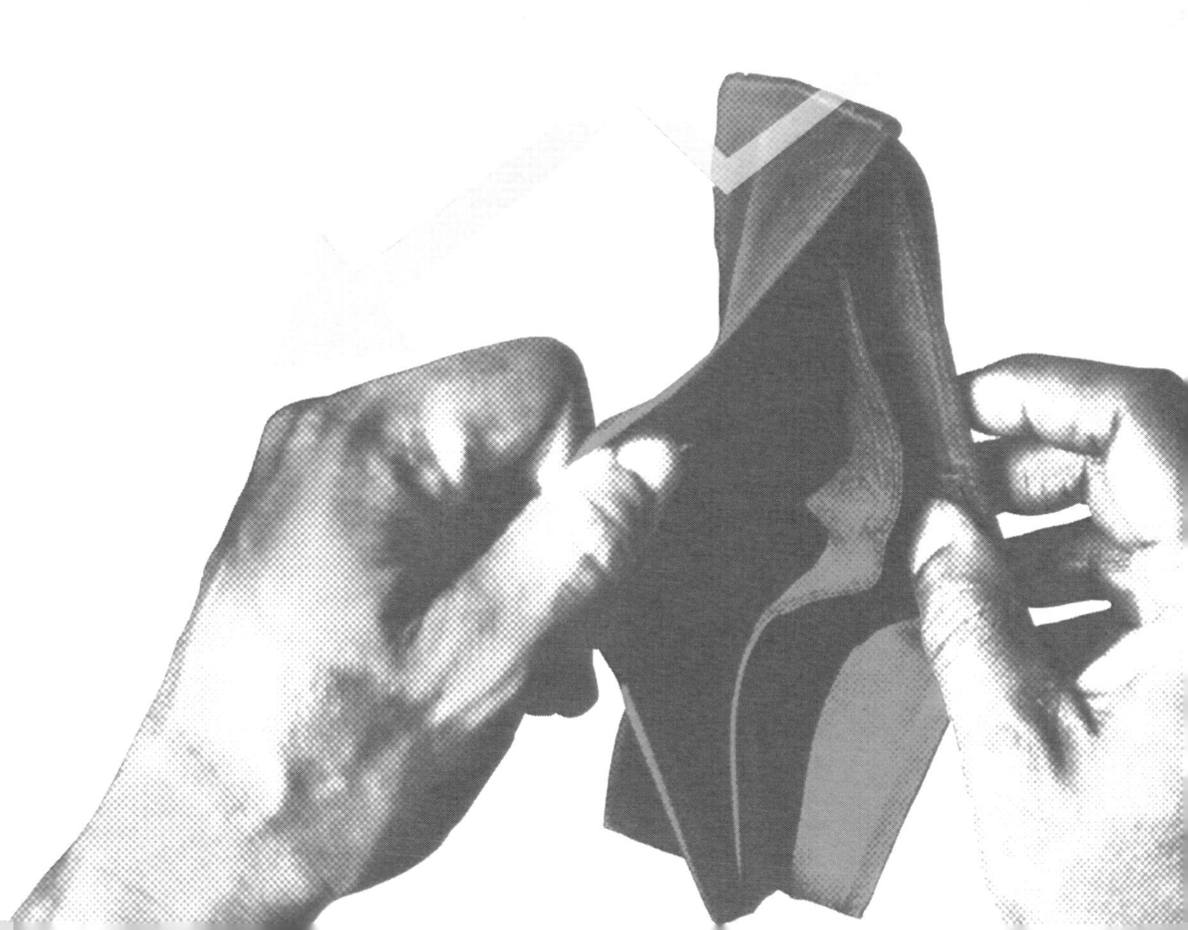

隨著服裝市場的競爭越來越激烈，成交不易確實是客觀的事實。常常聽許多銷售員埋怨，顧客怎麼只看不買，我們縱使說破嘴皮也是枉然。那麼，你了解顧客的真正需求嗎？顧客沒有購物並不代表他們不想購物，並不是他們沒有需求，而是我們沒有找出顧客的真正需求。

既然顧客來到服裝店，就說明他們對服裝感興趣，至於怎麼把顧客的興趣轉為需求，就是銷售員的本領了。因此，探詢顧客的需求是關鍵的一步。顧客總是樂於接受那些了解他們需求、真正關心他們利益的銷售員提供的服務。只是不同購買動機、不同目的的顧客，其需求不同而已。因此，找到不同顧客的不同需求，然後一一去滿足。能做到這一步，你就可以把任何東西賣給任何人了。

1 巧妙問出顧客的需求

銷售的主旨是「以顧客為中心」。「以顧客為中心」其實就是以他們的需求為中心。顧客的需求就是藏寶圖，找到需求才能進而滿足他們的需求。

然而，大多數顧客似乎並不願意直截了當地告訴你他感興趣的點與顧慮點。特別是在促銷滿天飛的時代，他們還擔心你只會推銷對你利益大但並不適合他們的商品。這時，有效地運用提問方法，能幫你獲得更多的資訊，準確掌握顧客的需求。

顧客的需求是問出來的。

中醫問診常常採用望聞問切方法，銷售的過程同樣如此，大部分顧客很難做到在沒有引導的情況下，將自己的需求一次性講清楚，因此，需要隨時用「問」的方式來引導顧客。詢問可以引起顧客的注意，獲得自己所需要的相關資訊，進一步了解客戶的購買欲望和消費能力。

當然，詢問也要講究方式。一般情況下，顧客大都討厭別人喋喋不休的問話，不喜歡別人刺探自己的情況。有些顧客對銷售員的直接性提問會表現出抗拒的神態，對自己的想法與意圖不會坦誠相告。所以，詢問顧客也要講究方式、方法和技巧。對有些顧客，可以直截了當；有些顧客，需要旁敲側擊；有些則需要循循善誘。

一般來說，銷售員在詢問顧客時可以採用以下方式：

■ 有目的地提問

很多銷售員都不知道自己問顧客那些問題有什麼用，似乎向顧客發問只是為了無話找話說，那樣只是浪費你與客戶接觸的寶貴時間而已，對銷售毫無幫助。詢問就是為了摸清顧客的需求，因此，盲目提問是毫無意義的，詢問要有目的性。

比如，當顧客在布料櫃檯前用手摸布料，銷售員便可主動詢問：「您買布想做什麼呢？」或是「幫誰做」等。

這樣的話語，顧客肯定會回答，那麼就摸清了顧客的需求。也便於下一步有針對性地介紹材質布料。

■ 引導式提問

向顧客提問時，雖然沒有固定的格式，但通常情況下都是先從一般性的簡單問題開始，逐層深入，引導客戶走向成交。這樣有利於消除顧客內心的防備和觸犯情緒，使其樂於回答。

比如有的顧客問：「你們這款產品的品質怎麼樣啊？」銷售員及時回答：「這款產品品質很好啊！在賣場裡很知名，您是第一次了解我們這款服裝吧？」

這種「問」的方式，也能有效地引導顧客關注此款式的服裝，借此也可以聽到顧客對這種款式的評論，是喜愛還是不喜歡等。

■ 迂迴溝通提問

這種詢問看起來是回答顧客的問題，其實，是婉轉地探詢顧客的另外需求。比如當顧客問：「這是某某品牌的服裝嗎？」

有些不合格的銷售員會直接回答：「是的，沒錯。」白白丟掉了探詢顧客需求的機會。相反的，優秀的銷售員可能會這樣回答：「是的，先生，您對我們某某品牌的產品很了解，是嗎？」

在顧客的回答中，就可以了解顧客對這種品牌的信賴度和購買能力。

■ 旁敲側擊提問

這種探詢不是直接切入銷售的話題，而是從其他話題引入，在交流溝通中，喚起顧客對某個品牌的關注度，以便探詢他們來的目的。

比如：「張先生，我記得您，您上次和夫人來過……當時，你們一起來買我們某某品牌的服裝，感覺還好吧？」

■ 應答——化被動為主動

這種方式是顧客先發問，銷售員回答顧客的問題，看起來是被動的，但是隨時可以變被動為主動，透過回答顧客的問題，了解顧客的需求。

比如在某商場內，來了批新款式的女裝，服裝銷售員正忙於應付身邊挑揀服裝的女性，沒注意櫃檯前來了其他顧客。這時，站在外面的顧客拿不到衣服，就向銷售員喊：「小姐，把這件衣服拿過來我看看。」

此時，銷售員邊放下衣服，邊問道：「好的，是您要穿還是別人要穿？」

這種主動性問話，也能迅速地了解顧客的來意，為下一步的銷售服務提供依據。因此，即使顧客是保守類型的，也要透過有效的問答，讓顧客將心中的想法表達出來，從而讓自己由被動的地位轉換為主動的角色，以增加銷售成功的可能性。

總之，詢問的目的就是為了探詢出顧客的需求。因此，不論哪種詢問方式，都要以委婉謙和、平易可親為原則，根據顧客的回答和表情來創造和諧的溝通氛圍。一般，詢問顧客應遵循的原則是：

首先，詢問要有節制，如果只顧表達自己的目的，而不看顧客的反應，會使顧客產生一種被調查的感覺，從而產生反感情緒而不說實話。

其次，在詢問時，要與展示給顧客的服裝樣品相結合，一邊對顧客介紹展示某款服裝，一邊不露痕跡地詢問顧客的目的，這樣就容易了解到顧客的購買意圖。

我們知道，提出問題往往比回答問題更需要學問，因此，問話高手才是真正的推銷高手。同樣，服裝銷售的關鍵就是要學會詢問。只有弄清來意，才能有的放矢，採取合適的策略去推介產品。

2 挖掘顧客的真正需求

既然顧客跨進店門，他們多少都是有需求和欲望的，只不過購買能力有差別而已。但是，銷售員不是以貌取人，就是把自己背熟的服裝款式和功能一股腦兒兜售給顧客。如此推銷怎能達到目的？

常常，我們會聽到有些銷售員抱怨：「明明剛才那個顧客看好了這件服裝，也想買，但是最後還是沒有成交，真是莫名其妙！」

這種情況並不少見。有時，儘管銷售員介紹得口乾舌燥，就是無法吸

引顧客。這樣的結果不是顧客造成的，而是我們自己沒有明白顧客的真正需求。不明白顧客到底要買什麼？什麼款式和顏色才是最適合他們的？不了解顧客需求的銷售員是盲目的，當然也注定無法獲得顧客的接受和歡迎。

有3個賣水果的小販在著名的工業區中擺攤，5月分，剛開始可以採摘杏，他們就採購了一批，想大賺一筆。

傍晚時分，三三兩兩的女工走出來，其中一位女工聽說有在賣杏，就請身邊的老太太走過去買。這時，第1位小販急忙誇獎自己的杏又大又甜，但是，老太太嘗了一口後，轉頭就走。

第2位小販就精明一點，他雖然不知道這些人喜歡吃酸的還是甜的，但是他說他有各式各樣的杏。結果呢？老太太看了看，但是不滿意，沒有成交。

第3位小販最精明，她沒有急於推銷自己的杏，而是先和老太太話家常。當她得知老太太是為剛懷孕的媳婦購買時，第3位小販馬上為老太太擬定了說詞。她急忙說自己賣的杏就是新鮮且特別酸的，包妳媳婦吃了開胃，胃口好就可以生個小胖子了。把老太太說得皺紋裡都堆滿了笑容。當然，第3位小販的生意也順利成交了，其他2位只能羨慕。

同樣賣水果的小販，只有第3個小販的生意最好。為什麼呢？因為第1個小販連顧客的需求都不知道，只是自說自話，當然無法成交；而第2位沒有深入挖掘老太太所需要的，也沒有達到成交的目的；只有第3位，透過探詢，明白老太太真正的購買目的，順利推出自己的產品，馬到成功。

在與顧客溝通的過程中，很多銷售員經常會遇到像上面2位小販那樣誤解顧客意圖的情況。只把關注的焦點放在顧客的口袋，而忽略了顧客的真正需求。如果你和顧客交流的話題僅僅限於產品或服務上，但對顧客了解甚少的話，你又怎麼去滿足客戶心中真正的需求呢？

因此，想讓顧客接受你的促銷，並購買你的產品或服務，就必須了解客戶的真正需求。只有挖掘出顧客的真正需求，才能為成功推銷打好基礎。

挖掘顧客的真正需求也是一門學問。你沒有挖掘到，說明你還沒有足夠地了解顧客。為此，銷售人員在和顧客溝通時，要有深邃的洞察力，在最短的時間裡弄清楚顧客的真正所需。

■ 步步深入法

在挖掘顧客的真正需求時，不要被顧客表面的一些現象所蒙蔽，你可以順著這樣的思路巧妙引導顧客：購買商品由何人使用，在何處使用，在什麼時候使用，想要怎樣使用，為什麼使用，如何使用。

按照這種順序，順藤摸瓜就可以了解顧客的真正需求。

■ 發現顧客的主要需求

顧客對商品會有許多需求，但其中必定有一個需求是主要的，能否滿足這個主要的需求是促使顧客購買的最重要因素。因此，銷售員一定要挖掘到顧客的這個主要需求。

就像上述故事中小販所賣的杏一樣，同樣都是杏，但老太太要買酸酸的那種，這才是她的關鍵點所在。

■ 聽懂顧客的潛臺詞

有些顧客也許是因為個性因素，也許是因為心理上的顧慮，她們對自己的真正需求可能並不會坦白說出。

比如當顧客想要購買一件時髦的皮草衣時，她也許會告訴您，她上班的地方實在太寒冷了。

如果銷售員相信了，肯定會為她介紹材質厚一點的衣服，而忽略了款式。但實際理由也許是隔壁鄰居買了一件，或她想在男朋友面前顯示一番。在這種情況下，她更看重的是款式的新穎和時髦。如果銷售員沒有理解她的潛臺詞，怎能為她介紹適合的款式呢？

因此，面對這種情況，銷售員需要調整自己的直線思維模式，不要順著顧客的表面需求走，而要順藤摸瓜，一旦發現顧客對自己介紹的服裝不滿意，要馬上調整思路，不妨這樣問顧客：

「我是否可以問一下您對這款服裝有沒有不滿意的地方？」、「你最喜歡哪種款式的服裝？」

從顧客的回答中，可以了解他們喜歡什麼、不喜歡什麼，了解顧客的真正需求。以便自己為他們推薦服裝時，可以多提供點資訊和特點。

■ 引導顧客說「是」

在和顧客的溝通中，你可以這樣問顧客：「你需要的是這樣的嗎？」當顧客頻頻使用「是」等肯定的詞彙回答你，就意味著他開始認可你的話題，你的銷售就有了讓人興奮的開始。

總之，要挖掘出顧客的真正需求，需要全面考慮顧客的不同需要與行為差異，也要遵循一些詢問的原則。因為有些顧客的需求比較模糊，有些顧客的需求可能是多方位的，因此，要注意詢問引導的原則。

■ 問簡單的問題

想要顧客說出自己的需求，就需要使用循序漸進的方式，先詢問一些簡單的問題，並透過顧客的表情和回答，判斷是否有必要再進一步提深入的問題，這樣也便於顧客回答。

有位女士買了一件夏天的連身裙，但是，銷售員開始把國內的、國外的，絲綢的、棉料的，一一向她介紹，最終，顧客反而不清楚哪種材質較好，自己究竟要選哪種。

這位顧客的需求本來已經很明確，原本只要稍加引導就可以成交，但由於銷售員對產品過多的介紹，反而讓顧客對自己的需求產生懷疑。因此，要挖掘顧客的需求就要快刀斬亂麻。特別是對那些猶豫型的顧客，並非多多益善。

不要問敏感、複雜的問題

有位男顧客本來想為女兒買件大衣，但是，因為不懂材質和款式，不知如何選擇。

此時，銷售員問道：「您夫人沒和您一起來嗎？怎麼不讓女兒來，她看中哪一種，不就馬上可以做決定了嗎？」

男顧客馬上面露不滿，轉身離開。

原來，這位男顧客與老婆離婚，女兒和老婆住在一起，她甚至對自己的爸爸也不太了解。為了彌補自己對女兒的愛，這位男顧客才獨自來到這裡，沒想到銷售員卻在他的傷口上撒鹽。

這位顧客的疑惑是款式和顏色，銷售員不進行引導挖掘，了解他女兒平時穿衣的愛好，卻多嘴多舌，多言多語，反而讓顧客的需求化為泡影。

千萬不能以貌取人

許多服裝銷售員經常犯以貌取人的錯誤，也許因為自己是銷售服裝

店，因此常常從顧客的穿著來判斷他們的購買能力。這種方式也會妨礙自己了解顧客的真正需求。

一位 50 歲左右的女人，帶著 30,000 元走進一家服裝品牌櫃檯。由於她穿的是去年款式的舊鞋及一般小店風格的上衣，於是，銷售員斷定這個女人並不是大主顧，不過是利用中午時間來開開眼界的，輕而易舉地錯過了這位顧客。

雖然，30,000 元是這個女顧客 1 個月的薪資，但是，她的寶貝女兒要出國到美國留學了。這對一個普通民眾來說是多大的榮耀啊！為了慶賀女兒，她這次的購買行為是 100%真心的。

這位銷售員以貌取人，當然沒有挖掘到顧客的真正需求。

了解顧客的真正需求，是引導顧客成交的關鍵。只有了解顧客的真正需求，才可以判定哪些是真正的目標客戶。因此，必須透過觀察、詢問等來引導顧客，而不能只是站在推銷的角度泛泛而「談」。

3 讓顧客主動張開金口

詢問顧客的需求固然重要，但是，如果只是銷售員詢問顧客的需求，這往往會讓顧客產生警惕心。如果只是從顧客的表情、神色中判斷顧客的內心感受，有些也是虛假不可靠的。因此，聰明的銷售員往往會鼓勵客戶主動說出自己的需求，只要顧客主動說出，推銷就事半功倍了。

有位車險銷售員，她每年的年薪都超過 200 萬，別人向她請教銷售成功的祕訣時，她笑著說：「我從不自己急著說話，而是讓車主的嘴巴開口，當他們主動問我有關車的問題時，我就知道機會來了！」

服裝銷售也是一樣，不要一股腦把自己的想法說出來，而是要盡量讓顧客自己說出他們的想法。如果能夠熟練運用這點，得到的效果會完全不同。

例如有 2 位發熱衣銷售員，在接待老年顧客時，就有 2 種不同的銷售效果。

當一位 60 多歲的老年顧客來到發熱衣專櫃時，第一位銷售員馬上說：「老人家歲數大了，需要注意防寒保暖。看您身體不太硬朗，冬天是不是容易冷？您看，我們這裡有許多今年出的新品，特別為老年人量身打造的，你一定需要吧！」結果，這位顧客回答說：「我沒什麼毛病，身體好得很！」銷售員尷尬得下不了臺。

當老人氣呼呼地離開發熱衣櫃檯後，想到剛才那個銷售員的話，好像是在詛咒自己生病一樣，發誓不再買這家商場的衣服。

此時，一個溫柔而關切的聲音飄過來：「這位大哥，您看起來氣色很好耶！身體還很硬朗的樣子，真是兒女的福氣啊！」

老人看到這位銷售員溫暖的笑臉，不知不覺中，開始「訴苦」：「哪有啊！你看我像個健康的人，其實，渾身都是病啊！天氣稍微變涼就覺得冷，穿上 2 件衛生褲都感覺不到暖和啊！」因為顧客自己已經承認有這方面的需求，下面的話題也就好談了。

這時，銷售員不是忙於推銷保暖內衣，而是有同感地說：「是啊！老年人都怕冷。特別是北部的冬天，老年人更要注意身體，及早防寒保暖啊！」這位老年顧客當然不會否認。

此時，銷售員說，自己的鄰居穿上一款新型的發熱衣後，效果很好。老人心動了，也請銷售員拿過來看看。不久，就順利成交了。

顧客來購物是自己做出的決定，而不是銷售員的介紹所強加的。雖然他們的需求還比較模糊。因此，最重要的是，要讓顧客自己說出他們的需求，你只需發揮引導作用，讓顧客將需要逐步推展到需求。否則，你越是起勁地介紹，顧客越想和你較勁，因為他感覺到自己是被動購買。摸清顧客的心理後，再順著他的想法，順藤摸瓜，將他需要的產品推薦給他。

要讓顧客主動說出自己的需求，需要注意以下幾方面：

■ 引導顧客說話

推銷並不只是一門生硬的生意，它還是你與顧客的交流，需要雙方互動。

特別是對生活在大城市、住在封閉高樓中的人們來說，離開公司部門，身邊又沒有多少親朋好友，溝通交流的可能性很少。於是，在他們購物時，不僅是簡單的交易關係，也是在尋找溝通和交流的機會。因此，在和顧客的溝通中，千萬不能只是自己唱獨角戲，要引導顧客說話。當然，語言要通俗，少用專業術語，那樣才可以和不同層級的顧客形成互動。

■ 投其所好

每位顧客的內心世界都是很隱祕的，因此，要挖掘顧客的需求，首先需要投其所好。

就像上面的案例，老年人最忌諱別人說他身體不好，第一位銷售員自作聰明，說出老人的身體毛病，當然會令人十分反感，即便產品再好，也不會買。

■ 從顧客感興趣的話題開始

要探知顧客的需求，最好是以顧客感興趣的話題開始溝通，站在顧客的角度，理解顧客的心聲，那樣才能進行零距離的交流，很自然地引導出顧客的需求。

比如，老年人最關心自己的身體健康狀況，因此可先從他的身體健康方面說起。一旦你的產品和他的健康有高度相關，推銷也就順理成章了。

順著顧客的思路走

要挖掘顧客的需求不能強行灌輸，否則會讓顧客反感。只有順著顧客的思路走，他們說到哪裡，你的思維就要跟到哪裡，才能探知你想要的資訊。

銷售員每天要面對很多顧客，一見到顧客就不遺餘力地向他們介紹產品的優點，試圖以最短的時間說服他們，這根本不可能。因此，給顧客足夠的時間，讓他們自己說出自己的需求。只有明白顧客的需要後，才可以一步步激發出他們的需求。

4 傾聽，聽出顧客的潛在需求

很多銷售員總是抱怨自己在推銷的過程中無從下手，處處失敗。那是因為他們錯誤地認為推銷就是要說、要介紹。身為銷售員，在接待顧客時，向他們介紹服裝當然是對的。

推銷的目的就是要引導顧客關注服裝，從而成交。但是，推銷並不僅僅是靠你的口才，還需要你克制自己表達的欲望，把更多的機會留給顧客。成功的銷售員並不是靠自己處心積慮地千方百計推銷，以獲得顧客需求的，而是要靠傾聽。

如果銷售員不懂得給顧客足夠的時間，讓他們說出自己的需求，只是口若懸河將自己的產品介紹得天花亂墜，就像在戰場上找不到目標就亂開槍一樣，是毫無用處的！這樣，很難了解顧客的真實想法，更難真正地

走進他們的內心。因此，只要你用心傾聽顧客的話語，顧客的需求會毫無保留地呈現在你面前。比如對服裝的意見和建議，對未來的購買意向等……。只要你用心傾聽，你就會對顧客需求瞭如指掌。那樣，才是獲得客戶真正資訊最快捷的方法，也有利於進一步滿足顧客的需求。

另一方面，樂於傾聽的人也容易獲得顧客的信任和好感。傾聽表現的是對顧客的認同和高度關注。只有耐心、真心、誠心地聆聽顧客的傾訴，才能站在顧客的角度上分析、思考問題，最終達成交易。因此，一個優秀的銷售員，不僅應該能說會道，更應該擅長傾聽。

顧客的話就是藏寶圖，順著它，可以找到寶藏。

有位大專院校的體育老師來到一家服裝專賣店。此時，銷售員打量他的身材說：「這位先生，想必您一定知道，以您的身材，想挑合身的衣服，恐怕不容易。」體育老師不置可否。

接著，銷售員問道：「請問您穿的西裝都是在哪裡買的？」

體育老師回答：「我所穿的西裝都是從『某某服裝店』購買的。說實話，我很喜歡這家店。但是，不瞞你說，我很難抽出時間去那裡挑選。」

銷售員從顧客的談話中聽出這位顧客對逛商店挑選衣服的煩惱，於是抓準時機介紹說：「我們公司有 4,000 多種布料和樣式可供您選擇，而且我會根據您的喜好，挑出幾種布料，用電子郵件發給您。如果訂做也可以。」

體育老師：「訂做服裝難道會比買的價格低嗎？我這些成衣才 1,600 元左右啊！」

銷售員明白了顧客消費的承受能力，及時地介紹說：「我們做好的服裝從 1,200 到 3,600 元的價位都有，這其中肯定有您所希望的價位。」

體育老師了解到訂做服裝的時間後，爽快地把自己的身高腰圍等資料記錄存檔了。

古希臘思想家蘇格拉底說過：「上天賜予人2耳2目，但只有1口，就是使其多見多聞而少言。」

顧客雖然需要引導，但是也需要傾聽。事實上，我們初見到顧客是不可能明白他們的真正意圖的，只有傾聽他們的心聲後才能明白顧客的真正需求。因此，有經驗的銷售員面對顧客時，常常是先聽顧客說出自己的意圖後，才根據情況出手。因此，銷售員80%的業績都是靠耳朵來完成的。同樣，傾聽也是銷售員最省錢的探詢顧客需求方式。凡是優秀的銷售員，都是聆聽的高手。不僅善於傾聽顧客表達出來的需求，更擅於聽出他們沒有表達出來的。

可見，「會聽」有助於了解顧客，了解需求。完成了這一步，推銷就成功了一半。

傾聽不只是用耳朵，而且還要帶上自己真誠的心。這是每位銷售員應該具備的特質。 因此，在傾聽中，要注意：

■ 不要隨意打斷顧客的話

在與顧客溝通時，要多給顧客表達意見的機會，認真傾聽，特別是對興致較高的顧客，不要打斷他們的話，應該讓他們盡情地說。在此過程中，你的首要任務是搜尋對你有用的資訊，在腦海中匯總，且適時提問，引導談話的深入，為下一步介紹產品找到突破口。

有位銷售員被顧客下逐客令，原因是這個銷售員三番五次打斷顧客說話。這在服裝銷售中，同樣也是大忌！

顧客來服裝店是買服裝的，他們即便與你溝通，也不會閒聊到沒完沒了。因此，不用你打斷他們的話，他們自己會注意時間的利用。即便他們說的離題了，你可以含蓄地引導他們，打斷他們的話語就是不禮貌的表現。

切忌爭論

有些顧客在話語中可能會表露出對服裝店或服裝不滿的地方，即便這樣，也不要與顧客爭論。

有些年輕氣盛、沒有經驗的銷售員，往往不願傾聽顧客的意見，自以為是，盛氣凌人，不斷地和顧客爭辯，這種爭辯又往往發展成爭吵，因而妨礙了推銷的進展。要知道，銷售員不是靠與顧客爭論來贏得顧客的。如果顧客在爭論中輸給銷售員，他們就更沒有面子購買你的產品了。

專注

卡內基（Dale Carnegie）曾說過：「專心聽別人講話的態度，是我們能夠給予別人的最大讚美。」當銷售員把注意力集中在傾聽對方、理解對方時，銷售員姿態是謙恭的。因此，會聽也是尊重顧客的表現。

在傾聽中不要東張西望，表現出不耐煩的表情；更不能一邊聽顧客說話，一邊想自己的事情；甚至假裝在聽，其實想趁機說出自己的意見；也不要當著顧客的面抓頭挖耳、擠眉弄眼或打哈欠等。這些都是不尊重顧客的表現。

表現對顧客的崇拜和敬仰

即便你比顧客專業，即便顧客言不對題，也不要在顧客面前流露出不屑一顧、鄙棄的表情。

在傾聽時，你可以適時地發出一些驚嘆的聲音，比如「天哪」、「太棒了」等。如此，你對顧客的崇拜和敬仰，當然也會受到顧客的歡迎。同樣，顧客會用感激和熱情回報銷售員的真誠。

認真傾聽，是銷售員和顧客建立信任關係最重要的方法之一。顧客尊重那些能夠認真聽取自己意見的銷售員。如果你誠心、耐心、真心傾聽，這種態度被顧客認可，顧客就會說出自己心中真實的想法和需求。如此，顧客得到了傾訴的滿足，而你也順利達成了成交的目的，何樂而不為？

5 自以為是會把顧客推得更遠

在開始接待的銷售過程中，有些銷售員似乎時刻都想著透過有力的證據來勸說顧客，從而迫使顧客認同。比如「這件衣服最暢銷」、「這種花色今年最流行」、「這個品牌知名度最高」等。這些資訊雖然確鑿無疑，但也容易給顧客自說自話的感覺。

研究表示：當人們試圖勸說對方，證明自己如何如何的時候，他們滿腦子想的都是怎麼「說」，是向顧客證明自己的先見之明與智慧。這樣，焦點就會放在自己準備好的臺詞上，而沒有放在對顧客的關心與理解上。

有位推銷員在一家圖畫公司工作。某天，接待了一位顧客。他看到顧客在一幅山水畫前皺起眉頭，便想：「看來他對這幅作品並不滿意，不如推薦他買一幅歐洲油畫。」於是就走了過去，彬彬有禮地問：「先生，這幅畫放在這裡半年多了，因為作者在作畫時有幾個技術上的錯誤，一直無人問津。我看，您不如到這邊的展廳，您喜歡精緻的歐洲油畫嗎？擺在客廳裡，一定能夠為您增添尊貴的藝術氣息！」

那位顧客似乎沒有被他的說辭打動，仍舊盯著那幅山水畫，淡淡地說：「是嗎？我看這幅畫滿好的。」

銷售員不了解，這幅畫明明有瑕疵，顧客為什麼如此固執呢？結果，他還是極力地勸說顧客去歐洲畫派的展廳，誰知道，顧客很不耐煩地揮揮手，說：「你不用說了，這幅畫多少錢？」

結果，這位口才絕佳、滿腹經綸的銷售員嚇到了，他簡直不敢相信自己的耳朵。顧客看中的居然是自己貶低的山水畫。

這位推銷員太自以為是，而且只考慮歐洲油畫的價位高，就「詆毀」山水畫，完全沒有思考、判斷顧客的想法。

有人曾說：「寧可用笨掘的語言換來一籃地瓜，也勝過用華麗的口才丟掉一座金山。」做服裝銷售員也是一樣，沒有人喜歡那些自以為是的人。有些銷售員總是誓死捍衛自己的利益，一旦顧客提出反對意見，總要與顧客爭個高低。但他們忘了這條規則：當某人不願意被別人說服時，任何人也說服不了他，何況要他掏腰包。因此，服裝銷售員也需要悟性與思考，面對顧客，要多考量他們的感受，否則，即便舌粲蓮花，也未必能說到點上。

小玲是比較強勢的女孩子，在學校學的是營運銷售類科，畢業後自己去外地闖蕩，在當地的某品牌服裝店當銷售員。剛從事這項工作時，由於個性使然，她對待客戶的態度有點強硬。

某次，有位顧客來買衣服，談話中，她聽到顧客說自己身上的衣服是新買的，頓時驚訝地說：「這種服裝款式早就過時了，別說在大都市，就是在我鄉下的老家，2 年前都已經淘汰了。妳看我們的服裝，南韓款式，緊隨潮流。穿上這些，又時尚又亮麗，肯定不會被人認為過時。」

顧客感到自尊心受損，生氣地反駁說：「我才不信呢！一個鄉下老太婆穿上妳們的衣服就能馬上變女神。」

可是，小玲並不罷休，她看到周圍有許多顧客，擔心其他人受這位顧客的影響，因此，固執地說道：「我說的話是有根據的，大前天，電視上還有我們服裝店的節目呢！不信妳去看。」

此時，顧客已經怒容滿面，她根本聽不進小玲的意見，拒絕與她再說話。結果，小玲還埋怨顧客不識貨。

經過很多次失敗後，小玲想不通，自己的建議分明是合理的，為什麼顧客聽不進去呢？後來，經理聽說此事後，委婉地指出小玲的推銷方式太強硬，顧客很難接受。

經過經理的指點後，小玲不得不認真總結以往銷售工作的失敗教訓。接下來，小玲在後臺服務的過程中，虛心向一些有經驗的同行學習，開始理解和尊重客戶的感受，並且也懂得委婉地徵求顧客的意見和想法。後來，經理看她改變了主觀而強硬推銷的方法，就重新讓她回到銷售員崗位。

這次，小玲改變了自己的工作方式，她總是先徵詢顧客的需求。「您對這款服裝感興趣嗎？」即便是顧客看好的服裝，她在介紹時也會說：「您想聽聽這種款式做工的獨到之處嗎？」 在徵詢到顧客的同意後，小玲才開始介紹。這樣的交流方式，促進了溝通的順利進行，小玲也終於成功地把服裝推銷出去了。

作為服裝銷售員，雖然在服裝的品質、款式、質料等方面是專家，比顧客懂得多。但是，如果以自己的專業能力自居，在顧客面前誇誇其談，顧客會感覺自愧不如。如果顧客的虛榮心和自尊心受到傷害，怎麼可能再和你進一步溝通，你又怎麼可能摸清顧客的真正需求呢？

而且，在我國目前的市場環境中，由於推銷行業還不成熟，人們常常把推銷和業務員、促銷人員混為一談。如果不懂得溝通的技巧，發問時帶有明顯的銷售目的，很容易引起潛在顧客的反抗情緒。即使他們有購買的動機，可能也會因為你的問話過於目的性，而打消購買動機。因此，銷售員在探詢顧客的需求時，要克服以自我為中心、自以為是的習慣，不要試圖去理解顧客還沒有說出來的意思，更不要匆忙下結論，急於評價他們的觀點。因此，銷售員在自信的同時，應保持謙虛的態度，適當詢問了解顧客最實際的需求，把最終的判斷和選擇權留給顧客。只有理解和尊重顧客，採取溫和的方式與顧客交流，顧客才有可能心平氣和地考慮你的觀點。

因此，在探詢顧客的需求時，要注意克服以下這些不當的方式：

■ 不要強制性為顧客做決定

顧客來到服裝店，左看右看後，常常無法做出選擇，這時，會問銷售員類似的問題：「你幫我看一下，我應該選擇哪一款式的服裝呢？」

這時，主觀意識較強的銷售員會熱心地回答：「我感覺這種款式比較適合您！」

這就是一種錯誤的回答方式。

上例中，銷售員做出「這個比較適合你」這種讓人感覺是命令的語言，「強制支配」顧客產生購買需求。而且，這樣的回答後，就要負相應的責任。一旦顧客購買你推薦的服裝後，如果有什麼問題，就會把責任推卸給你。因此，銷售員遇到這種情況，千萬不要一廂情願地替顧客做決定。

在這種情況下，銷售員需要學習問話的技巧，你可以說：「這個比較好，您覺得呢？」這才是尊重顧客的表現，也可以了解顧客的喜愛和真正需求。

下面這位銷售員的做法就是正確的。

比如有位女顧客在為男朋友挑選衣服時，請求銷售員幫她挑選一下。這時，銷售員沒有按照自己喜歡和流行的款式來介紹，而是徵詢對方：「很高興為您服務！請問，您男朋友平時喜歡穿休閒服還是西裝？」在得知女顧客的回答是休閒服時，銷售員介紹了幾款服裝。可是，女顧客看後說：「都還不錯，但我不知道哪個款式和顏色更適合他，您覺得呢？」

此時，銷售員沒有強硬地、十分自信地做出保證，而是委婉地說：「我覺得這幾款不錯，主要看您最喜歡哪一種，相信您看中的，男朋友也不會有多大意見的。況且，如果他實在不滿意的話，還可以來退換貨。」

這樣說，既證明了自己是為顧客考慮，也照顧了顧客的面子。顧客欣然接受了。因此，銷售員在探詢顧客的需求中，切忌用命令和指示的口氣替顧客做決定，銷售員不是顧客的上級或長輩，無權命令或指示客戶，更無權對顧客指手畫腳，強硬地告訴他們「應該這樣做」、「不應該那樣做」、「應該選擇這個」、「不應該選擇那個」。這些命令式的強硬方式，完全是自說自話，沒有考慮顧客的感受。如果你不具備良好的溝通技巧，只會將顧客越推越遠。

■ 不要用自己的觀點胡亂地判斷或猜測

有些銷售員總是自作聰明，看到顧客走向某個服裝專櫃看半天，就認定顧客要買這種款式的衣服，因而替顧客自作主張。

也有些銷售員，在和顧客溝通時，剛聽顧客說了幾句，就認為對顧客瞭如指掌，開始急著對號入座向顧客推銷服裝。此時，你還沒有徹底了解顧客，根本不知道他們真正的想法和需求。顧客也許就是想了解一下而已，並非就要購買。這種盲目猜測，或者用自己的感受來代替顧客真正的感受，會讓顧客離你越來越遠。因此，要了解顧客的真正需求，一定要耐得住性子，讓顧客充分表達他的意見和見解。

■ 問一下顧客「您的意思是……」

在探詢顧客的需求時，你可以適時地向顧客確認你的理解是不是和他想表達的一致。最好的辦法是真誠地向顧客問：「您的意思是……」，特別是當你對顧客的話充滿疑惑時，一句「您的意思是……」，一切問題都迎刃而解了。

這句話表現出來的是對顧客百分之百的尊重。顧客會主動說出自己所喜愛的款式，且還會詳細告訴你自己喜愛這種款式的原因，比起你自己一廂情願地推銷或主觀猜測要少走很多彎路。

自以為是或自說自話，服裝推銷就像在黑暗中走路，白費力氣又看不到結果。雖然有時顧客會把選擇的權利交給銷售員，這時也需要徵詢顧客的意見，確認自己的理解是否和顧客一致。要讓顧客感覺到，購買是他自己做出的決定，而不是銷售員說服的結果。

6 從關心顧客的角度考慮

銷售員的最終目的就是說服顧客購買服裝，但如果顧客感覺到你唯利是圖，絲毫不考慮他們的感受，那麼也沒有辦法達成銷售目的。

小王是南部一家服裝公司的西裝褲銷售員，來公司 2 年了，業績卻總是拉不上來，他為此也很苦惱。

這天，他的專櫃來了一位大客戶。這位顧客以前曾來這裡購買過西裝褲，一見到小王興致勃勃地說：「告訴你，我們在西部的商場大樓下週就要開始營業了！」

小王心想，這和我有什麼關係？說不定還多了一個競爭對手。因此，他只是敷衍地點了一下頭，面無表情地回答：「嗯。」顧客的滿臉熱情頓時化為烏有。

看到顧客沒說話，小王接著又追問了一下：「您這次來，需要訂貨嗎？」想不到顧客的臉 「刷」地一下變了，沒等小王說完，就直截了當地回答：「我以後再也不訂你們的貨了！」

小王不明白為什麼？他的眼裡也充滿了不屑：「你們要開業了，當然不用我們的了。」

小王哪裡知道，正是因為商場開業，這位顧客才特意跑來要訂一大批西裝褲的，但是，他最需要的是，和小王一起分享商場開業的興奮心情。可是小王只想著自己的銷售任務，完全忽略了顧客的心理需求。這位顧客感覺他太勢利了，當然不買他的帳。

大部分的顧客都是感性、情緒化的，他們的行為更多是建立在對銷售員本人是否有好感上。因此，銷售員時時刻刻都要從顧客的角度考慮，並非都是單純銷售服裝的話題。只有讓顧客感覺到你時時刻刻都可以和他形成互動，溝通很投機，且能感受到你的親切、貼心，才能拉近雙方的距離。

我們都知道全世界最著名的推銷員喬·吉拉德（Joseph Sam Girardi），他在探詢顧客的需求時，不是直截了當地推銷汽車，而是先為即將過生日的客人買一束鮮花。結果，沒有購買欲望的客人居然轉變了自己已有的購物打算，轉而購買了他們的汽車，這就是從關心顧客的角度考慮。

要探詢出顧客的需求，當然要關心顧客時時刻刻的感受。因此，以下方法你不妨借鑑：

■ 談話沒有明顯的功利性

銷售員要得到自己想要的，首先要幫助顧客得到他們想要的。

顧客來服裝店，並非都是為了購買服裝，也許是因為喜歡銷售員、和他們說說話、排遣鬱悶，也許只是為了觀賞店裡獨特的氛圍。因此，對待顧客就像跟朋友相處，從顧客的感情、心理等各方面考慮，和他們互動溝通，很認真地對待、談話，而不是只盯著錢去介紹產品。

如果銷售員透過自己的服務滿足顧客的各式各樣期望值，那麼，即便今天不能成交，有一天也會成交。當然，這不是在家裡擺龍門陣，也要注意說話的時間，更要注意從談話中聽出顧客內心的需求。

■ 尋找共同感興趣的話題

一名優秀的銷售員，不但要具備極佳的業務知識和個人修養，而且還要能透過自己的表現，引起顧客交流的欲望，特別是在與陌生人交談時。

銷售員與陌生人交談的最大困難，就在於不了解對方，因此與陌生人交談首先要解決的問題便是盡快熟悉對方、消除陌生感。要探詢出顧客的需求，最重要的原則是：試探性地引出彼此都感興趣的話題，這樣就可以設法在短時間內，透過敏銳的觀察，初步了解他的購物愛好，從中抓住顧客的真正需求。

比如有位經理向女孩銷售化妝品，第一句話提到的是「熱辣辣的太陽，簡直要把皮膚都晒黑了。」這是女孩非常關注的，她們很在意自己的膚色，尤其是在公眾場合。於是，很自然地開啟了能延續下去的話題。

■ 學著用顧客的方式和他們對話

顧客形形色色，有時候，你想探詢出顧客的需求，但是他們就是不願配合。特別是面對陌生人或心情不好的顧客時，怎樣才能獲得他們的信任呢？學著用顧客的方式和他們對話。

一個5、6歲的孩子因為父母吵架，撐著一把雨傘蹲在牆角，不吃不喝。2天過去了，孩子體力極度衰竭，最後，他們請來著名的心理諮詢師。

這位心理諮詢師沒有去告誡孩子不吃不喝的壞處，也沒有去勸導孩子應該怎麼做，而是也撐了一把雨傘在孩子的面前蹲下。他面對孩子、注視著孩子的雙眼，向孩子投以關切的目光。

這時，孩子自言自語地說：「蘑菇好，颳風下雨聽不到。」

心理諮詢師：「是的，蘑菇好，蘑菇聽不到爸爸、媽媽的吵鬧聲。」這時，孩子流淚了。

心理諮詢師：「當蘑菇是很好，但是蘑菇也需要營養，否則也長不大。我們看蘑菇也需要吃點東西，那樣才能支撐住，能看到它是怎麼一天天長大的。」於是，他掏出一塊巧克力，放進自己嘴裡，大嚼起來。

此時，孩子終於說出：「我也要吃巧克力。」諮詢師給了孩子一塊巧克力。

心理諮詢師：「吃巧克力太渴了，我要去喝水。」說著，他丟掉雨傘，站了起來，孩子也跟著站起來。

學著用顧客的方式對話，也是一個初步獲得信任的過程。只有獲得了顧客的信任，他們才能向你敞開心扉。

有些銷售員可能會認為：如果只是滿足顧客的心理期望，或讓他們為買一件衣服花上我大半天的時間，這會影響我的收入。其實，你的利益和顧客的利益在根本上是一致的。只有顧客的利益能實現，自己的利益和公司的利益才會有基礎。如果你的推銷是站在幫助顧客的角度，從關心顧客的角度考慮，你的客戶就會越來越多。

銷售員和顧客雖然是透過服裝成交，但是從根本上來說，是在做人的工作。因此，只有切實從顧客的角度考慮，幫助顧客實現利益，顧客才會樂於與你成交。

第四章
把服裝介紹得人見人愛

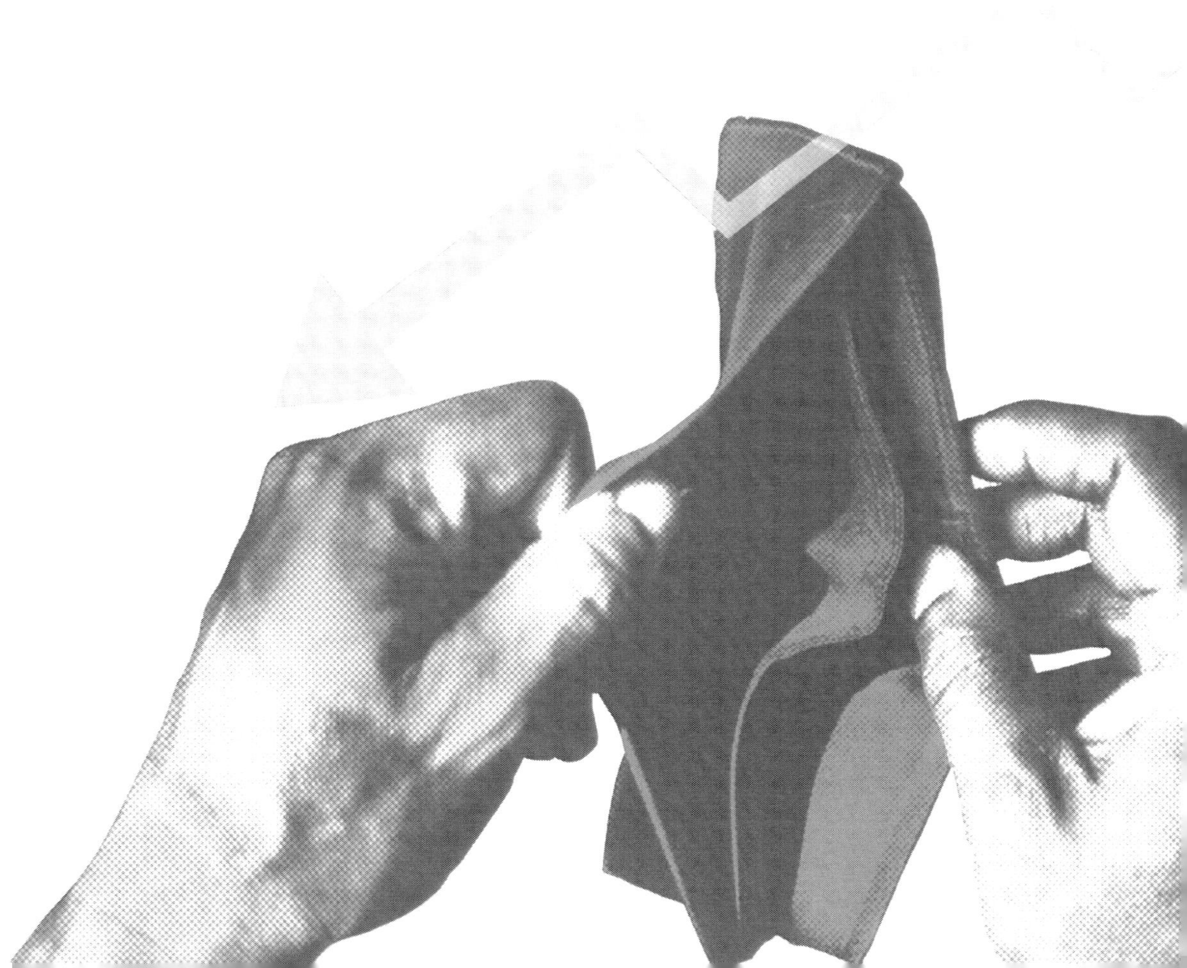

當顧客走進商店時，不論是有明顯購買欲望的顧客，還是目的並不明確的顧客，面對五彩繽紛的服裝，容易眼花撩亂、猶豫不決，因此需要店員在售貨過程中加以介紹。

但是，由於顧客的愛好不同，消費能力不同，對服裝的挑選也有不同的標準。如果銷售員只是用同一種方法，用相同的步驟來對待不同的顧客，肯定是錯誤的。因此，銷售員必須對顧客的購買心態有詳細的了解，運用不同的推銷方式，才能幫助顧客作出明智的選擇。

1 推銷就是憑舌頭賺錢

服裝銷售的最終目的是成交，可是，要在有限的時間內，使顧客對自己所推銷的服裝有所了解並非易事。因此，首先要透過介紹商品，引發顧客興趣才有成交的可能。

俗話說「買賣不成話不到，話語一到賣三倘」，推銷並不是憑力氣賺錢，而是用舌頭賺錢。能不能讓顧客心甘情願地把錢給你，就看你嘴上的功夫是否到位。

高爾基的作品《在人間》裡有 2 家店鋪推銷聖像的情節：

一家店鋪的小學徒沒有什麼經驗，每天都在聲嘶力竭地向過往的行人介紹說：「……每種都有，請隨便看看，價錢貴賤都有，貨色道地，顏色深暗，要訂做也可以，各種聖父、聖母像都可以畫……」，看起來價格、品項、顏色等各方面都介紹到了，但就是沒有人買。

相反，另一家店鋪門前，許多人都情不自禁地被吸引過去。這是為什麼呢？

這家店鋪的老闆是這樣介紹的：「我們的買賣不比羊皮靴子，我們是替上帝當差，這當然比金銀珠寶貴，是無價之寶……」，這位老闆沒有介紹自己的品項、價格等，卻強調自己「是替上帝當差」，人們自然感覺到他的慎重、理智和神聖。儘管價格可能會比另一家高，但是，人們感覺自己買到的「是無價之寶」，也心甘情願啊！

同樣是銷售聖像，效果居然如此不同呢！這就是口才好壞的差別。

語言描述具有神奇的魔力。有人形容說：「商業人員的口才，就像畫家手中描繪形象的畫筆。」推銷的每個環節都離不開嘴，從顧客進店門開始，你就需要與客戶交流和互動！你需要探知客戶的購買喜好、了解客戶的購買心理、摸清客戶的消費水準。因此，對於銷售員來說，嘴巴就是一件征服顧客的利器。真正高明的銷售員，既是銷售員和顧客建立互信的橋梁，也是對顧客潛意識的引導暗示。而且，銷售員的語言越風趣，越有魅力，顧客對產品才會越有興趣，銷售才越成功。

服裝銷售員不只是銷售服裝，同時也是種人際交往。每天要與形形色色的顧客打交道，高明的銷售員都能迅速、完整、生動地向顧客提供資訊，引起顧客發自內心的好感。

在某家品牌服裝專賣店中，一位中年女士看中了當季最新款服裝。可是，當她準備付款時，突然又猶豫了。「我是不是太衝動了？」她問對面的銷售員。

如果單純承認顧客衝動，很明顯會打消顧客的購買念頭。因此，銷售員機智地回答：「為什麼不可以衝動呢？衝動又不是年輕人的專利。這件衣服能讓您眼前一亮，肯定也會讓其他人看到您而眼前一亮。一件服裝就能讓您年輕幾歲，衝動難道不可以嗎？什麼神奇的藥物能有這種作用？和那些只有衝動但卻沒有能力購買的女士相比，您真是太讓她們羨慕了。這一點，您可能還沒有感覺到吧？」

顧客在銷售員的一番話中，驚喜的頻頻點頭，毫不猶豫地付款了。

試想，在上述案例中，如果這位銷售小姐回答時按照顧客的直線思維方式，那麼不管她答「是」或「不是」，這樁買賣恐怕都無法成交了，而她，卻憑藉自己出色的口才，使這次「不可能的任務」變成可能。可以說，說話就是生產力，銷售員的舌頭可以引導顧客購買更多的產品。

那麼，怎樣才能讓自己舌粲蓮花，說得顧客心服口服呢？

■ 語言流暢

在介紹服裝時，要想辦法把顧客的注意力吸引到你的產品或服務上。因此，── 個合格的銷售員講出的話，必須達到以下要求：語言有邏輯性、層次清楚、表達明確；說話突出重點、要點。

■ 說話不要像機關槍

有些銷售員不只是因為急性子，也因過於熱情，見到顧客時總想一下子把自己知道的全部告訴他們，說話就像機關槍一樣，一句接一句說個不停，但結果是，銷售員越想趕快說完，顧客就越難以忍受，會進一步縮短對話時間……。但銷售員往往對自己的表現十分滿意 ── 幸虧我說得比較快，否則顧客就無法聽完我的介紹，既然聽完了，那麼顧客買不買是他自己的事了。

其實，「會話藝術是停頓的藝術。停頓是講話中保持虛實平衡的要領」。照常理講，人一口氣可以講 3 秒鐘，然後就需要吸氣了。如果沒有停頓，對聽眾來說，就會是種感官上的痛苦。而且會讓顧客覺得你像在背書，華而不實。因此，要讓顧客靜下心來聽你講話，最容易聽懂的語速為 1 分鐘 200 字左右，這種方式最容易博得顧客的好感，可以讓聽者把你剛才講的內容進行概括、分析，歸納出一個合理的結論，還可以留給說話人自己一點思考的餘地，迅速對下一句要講述的內容進行統整和斟酌。

■ 避免使用方言

推銷就是和顧客溝通。在這個過程中，一問一答會構成洽談的基本部分。因此，避免使用方言，阻礙溝通的過程。

■ 語言要富有情感且形象生動

利用語言進行隱祕說服是種信心的傳遞，也是情緒的轉移。富有情感的語言，也許會讓心情壓抑的人豁然開朗，使顧客處於良好的購物情緒中；語言形象生動，也容易喚起顧客的思維想像力。

既然從事銷售工作，掌握服裝的介紹技巧更是成功的關鍵。 因此，鍛鍊自己的嘴上功夫，既能言善辯，又能言為心聲，讓客戶感覺到你的介紹是時刻為他們著想的，才能從他們的口袋中掏出錢。這才是嘴上功夫了得的表現。

2 準確恰當地介紹服裝特點

銷售員的口才集體展現在介紹服裝上。可是，有些銷售員在介紹服裝時，總是千篇一律地說：「這件衣服好」、「這件衣服最適合您」等，過於簡單和籠統，至於衣服怎麼好，卻沒有仔細地說出來。這種介紹是對顧客不負責的態度。顧客得到的只是一個模糊的概念，也不能早下購買的決心。

在當今時代，隨著科學技術的發展，新質料、新款式的服裝層出不窮，任何服裝，在品質、種類、等級、規格、花色、色澤、款式等方面都有不同。雖然同樣是服裝，也有大中小各類型號和加長加寬之說，更別說有老人服裝、兒童服裝、男裝、女裝；傳統服裝和時尚服裝之分。這些都是為不同類型的消費者需求。因此，銷售員在為顧客介紹服裝時，需要掌握一套全面介紹服裝的技術，對顧客需要的不同品質、不同特性、不同品牌的服裝做清楚的、正確的介紹，否則，就無法引起顧客的購買欲望。

這裡，有個賣手機的案例可以說明。

某天，在手機專櫃前來了一位要買手機的女孩。銷售員問她：「妳想要什麼價位的手機？」

女孩回答：「都可以，能用就行。」

銷售員回答：「那妳先看看吧！看到合適的可以拿出來看看。」

結果，女孩轉了一圈也沒看到自己喜歡的手機，只好轉出去了。

等女孩進入第二家賣手機的店鋪時，緊鄰門口的一位銷售員立即熱情地招呼：「想買手機嗎？來，我幫妳介紹幾款。」

女孩正求之不得，於是詢問銷售員自己應該選擇什麼樣式的。銷售員指著其中一個外表比較亮麗的回答：「我們這款手機不但外觀時尚，最大特點是可以連續拍攝，還支援閃電快充，可 5G 極速飆網，很適合妳們年輕人喜歡多功能的特點，而且價位也是中等。」

女孩聽到介紹後，立刻奔到這個專櫃前買下那款手機。

其實，第一家手機店裡就有這款手機，但是，銷售員沒有向這位女孩介紹，女孩怎能知道哪款是自己的最愛呢？

賣服裝和賣手機也有相似之處。儘管很多顧客對產品有需求，但他們的需求很多時候是比較模糊的，這就需要銷售員在關鍵時刻，抓住機會對他們進行解說。如果不把產品的特點、性能及時告訴他們，就等於把機會給了競爭對手。因此，準確恰當地為顧客介紹服裝特點很關鍵。

一般來說，銷售員為顧客介紹服裝時，應該包括以下幾方面：

■ 介紹服裝的特性

銷售員在向顧客介紹服裝時，首先應該介紹服裝的特性。服裝特性是指服裝的實際情況，包括原料、產地、設計、顏色、規格、性能等資訊。當然，銷售員不能把這些特性一籃子兜售給顧客，應該有重點照順序進行介紹。一般來說，首先應從直觀的、顧客能直接看到，或感受到的特點開始介紹。例如，首先為介紹服裝的顏色、款式、功能等，然後才是價格。如果是高價位的服裝，可以再進一步介紹服裝所使用的材質、剪裁技術等。

當然，以上這些內容並非要求銷售員從頭到尾全面背誦，要針對不同的服裝款式和品質，有的放矢地做介紹。

■ 介紹服裝的價值

銷售員不僅要掌握服裝的一般特性，還要對服裝能給顧客帶來的利益一清二楚。所謂產品利益就是該產品帶給顧客的好處。顧客買任何產品，都是在買這個產品會帶給他們的利益和好處。就像空調能讓消費者度過涼爽的夏季一樣，服裝帶給顧客的也會是多種多樣的利益。大多數顧客在購買服裝時，首先要求服裝必須具備實際的使用價值，講究實用；其次，是服裝的獨特特色。或款式新穎，或是名牌商品，或品質優良等。

比如，現今人們崇尚自然，而純棉服裝就具備天然的舒適性，夏天透氣性好、冬天保暖性強等特徵。這是顧客比較關注的利益關鍵點，也是純棉服裝的價值和獨特賣點。

而對衛生衣等可著重介紹它的產地、品質、成分、結構、作用、功

能；對保暖發熱衣要著重介紹它的保暖原理、構成元素、所加成分、保暖功能、所能達到的效果等。

對時尚服裝，可為顧客介紹設計其與眾不同之處。

比如，皮爾·卡登（Pierre Cardin）設計的男裝如無領夾克、哥薩克領襯衫、花帽等，為男士裝束贏得了更大的自由。他設計的女裝擅用鮮豔的紅、黃、藍、湖綠、紫，其純度、明度、彩度都非常飽和，加上其款式造型的誇張，頗具現代雕塑感等。

■ 介紹名牌服裝的知名度

隨著國人消費能力的增加，很多顧客購買服裝已不再單純考慮產品的基本功能，而是為了滿足工作需求、心理需求、生活需求以及社交需求時，讓服裝表現出經濟實力、自身品位。而一些國際或國內品牌確實讓消費者體驗到名牌的價值。因此，人們對品牌乃至名牌服裝都趨之若鶩。

首先是顧客對品牌的認可，覺得用這個品牌能幫自己增光，才會購買。如果覺得服裝製造企業沒有知名度，且形象不好，就不會購買該企業的產品。如果企業規模比較大，知名度比較高，且重信譽，在消費者心目中的形象較好，就願意購買。因此，銷售員對名牌服裝要著重介紹它的品質、產地和企業的信譽，必要時還可以介紹其悠久的歷史和特殊的製作工藝，如有某知名藝人代言、得過國際獎項等。從而吸引顧客，激發其慕名而買的動機。

■ 介紹進口服裝的保養知識

隨著國際貿易交往的日益頻繁，進口服裝也越來越廣泛。對進口服裝的介紹應著重於商標、主要構成部分、使用說明、保養及真偽辨別的方法，並把商標、使用說明等中文翻譯譯本交給顧客，讓顧客能了解並研讀。如果顧客能接受並拿在手上，並開始觀察，銷售員就有進行下一步推銷的可能。

■ 介紹新款服裝的獨特之處

現在產品同質化現象日趨嚴重，但如果自己商店的服裝在設計、功能等方面仍占很大優勢，這些獨特的賣點也不失為一種很好的開場技巧。

現在顧客越來越看中產品的款式是否新穎、流行，因此新型款式的服裝便是門市銷售的最大賣點之一。可是，由於這類服裝還未被顧客了解及接受，因此，要著重宣傳其新的特點。比如你可以這樣說：

「小姐，您好，這是我們日前剛上架的最新款式，款式優雅、與眾不同，請試一下，看是否合適！」 突出與同類產品相比的不同優勢等。借此引導消費，促使顧客的購買方向發生變化。

■ 介紹服裝相關知識

介紹服裝不僅要介紹服裝本身的特點，還可以為顧客介紹一些穿著等方面的知識。

例如： 流行服飾有哪些特殊的要點？怎樣才能讓它們更突出？質料的特色和服裝款式有什麼關係？品牌服裝的品質，主要反映在哪些方面？不同質地的服飾應該怎麼搭配……等。

這些著裝技巧雖然是服裝特點之外的話題，但很可能是顧客比較關心的。因此，這些額外的介紹也可以解決顧客的服飾搭配問題。

雖然只買了一件，但是卻學到這麼多免費的服飾搭配學問，顧客怎會不感到物超所值呢？

儘管服裝介紹的技巧各式各樣，但從商務禮儀和商業道德角度來說，不論介紹哪種款式的服裝，都要精確適當、簡單明瞭，才可使顧客產生好感和信任感。

讓顧客在你的引導下，懂得一些服裝知識，選出適合他們審美觀和需求的服裝，滿意地完成消費過程，就是服裝介紹的真正目的。

3 了解顧客不同的購物心理

顧客的消費心理是指顧客在成交過程中，發生的一系列極其複雜、極其微妙的心理活動。

雖然顧客都是根據自己的需求來購買服裝。但是，在發生購買行為的整個過程中，顧客為什麼買、在哪裡買、什麼時候買、向誰買，以及怎麼買，都有心理活動的作用。因此，銷售員在銷售過程中，要打動顧客的心，而不是腦袋。

比如很多功成名就、薪資豐厚的高收入階層，購物不光著重適用性，還要表現個人的財力和水準；有些希望與他歸屬的圈子同步，有時儘管商品價格高一點，或品質有不盡如人意之處，也樂於購買；還有些虛榮心很強的年輕人，不管是否需要，或是否划算，也會購買。因此，對於抱有不同消費心態的顧客，就要緊緊抓住他們的心去說服。只有摸清顧客的購買心理和需要，才能針對他們的特點來制定銷售策略。

一般來說，人們的心理活動可以分成固有心理和瞬間心理兩種。

固有心理就是人們受生產環境和生產條件制約，受到社會風尚和個性特徵等的影響而形成的消費心理；瞬間心理就是因具體的時、空、人、事等因素產生瞬間的心理活動，它也會導致顧客突然改變購物決定。因此，銷售員對人們的這兩種心理活動都應有所了解。

固有心理包括：

■ 從眾的心理

從眾心理通俗地解釋就是「人云亦云」、「跟風」。從學術上來說，從眾指個人受到外界人群行為的影響，而在自己的知覺、判斷、認知上表現出符合公眾輿論或多數人的行為方式。

比如，某百貨公司門口排起了長隊，就會引起行人的好奇心，在尚未弄清楚賣什麼東西前，先排個隊，占個位置再說。這樣，好奇心就會轉化為人們的行為動力，驅使人們採取購買的行動。甚至那些冷靜型顧客，看到很多人爭相購買，也會不假思索地購買。這就是顧客的從眾心理。

生活中有不少從眾的人。女性的從眾心理比較突出，普遍愛買東西、愛聚攏在一起。在這種心理作用下，女性往往會看見別人買，自己也想買。儘管她們可能本來對某種商品沒有購買欲，但當看到別人也買時，會立即果斷起來，甚至有時連挑剔方式也模仿別人，因此，銷售員不妨利用人們的從眾心理，把自己的商品炒熱。

比如：「這位大姐，這可是今年流行的布料，涼爽宜人，許多人都在購買呢！」這樣說，肯定會吸引她們的注意。

■ 占有的心理

我們不得不承認，人似乎都有一種占有欲，都想把存在的東西稱作「自己的」。

在購買服裝中，有些人並不需要這些，但他們就為了滿足自己的占有欲而購買，比如：某知名品牌、某新潮款式等。對他們來說，擁有就是實力的證明，光看都覺得滿足。顧客的占有心態在服裝銷售中也產生決定性的作用。

這類顧客通常消費欲望高，對價錢也不太講究，因此，可以專門向他們介紹品質佳、價位也比較高的服裝。

■ 愛美心態

愛美是人的本能和普遍要求，特別是中、青年女性和文藝界人士，這些人在選擇服裝時，特別注重服裝本身的造型美和色彩美，以便達到藝術欣賞和精神享受的目的。因此，如果你對他們這樣介紹：「您看這套服裝漂亮嗎？這是我們特別為您設計製作的。」這種介紹經常能滿足顧客追求美的購物心理。

■ 擇優心理

人們在購買服裝時，總希望買到的是最好的，但對「好」的判定卻沒有客觀的標準，只能把接觸過的服裝對比，選擇——個最好的。如果沒有選擇的餘地，顧客的購買欲會受到很大的影響。

其實，擇優心理的核心就是「廉價」。 因此，這類顧客往往會對同類服裝之間的價格差異進行仔細比較，還喜歡選購打折的商品。具有這種心理動機的人，以經濟收入較低者為多。當然，也有經濟收入較高而節約成習慣的人，精打細算，盡量少花錢。因此，當我們向顧客介紹稍有殘損而打折出售的商品時，他們通常都比較感興趣。

■ 炫耀的心理

從心理學角度加以分析，許多人都有程度不同的炫耀心理，他們認為這樣做可以展現自己高出他人一籌。尤其是現代社會中，由於名牌效應的影響，許多人覺得穿上名牌不僅提高生活品質，更是社會地位的展現。因此，向這些人介紹服裝，通常介紹名牌、品牌等，較會受到他們的歡迎。

瞬間心理最明顯的就是同伴意見的作用。常常有顧客選好自己滿意的服裝後，同伴的一句話瞬間就判了「死刑」。 因此，銷售員在介紹商品時，必須抓住顧客的這種瞬間變化心理，及時讓他做決定。

比如，我們經常會遇到女性顧客結伴購物的情況，在她們之中，一個同伴的建議和喜好，對其他人的選擇往往有很大的影響。因此，對於這個顧客的同伴，我們在銷售的過程中，要細心觀察，多留意同伴與其他人的對話，在為顧客選購商品時，要主動地徵求這個同伴的意見，透過她來贏得大家一致的認同感，從而促成銷售的成功。

以上這幾種常見的購物心態，基本上可以囊括大部分顧客的購物心理。

總之，要讓顧客選到不僅自己滿意，包括周圍朋友都會滿意的服裝，需要仔細揣摩顧客的心理，摸透對方的真正意圖。這樣才能在推銷中做到知己知彼，百戰不殆。

4 迎合不同類型顧客的購物風格

現在是個性化消費的時代，介紹服裝，也要注意使用對象的不同性格和不同購物風格。如果不能迎合顧客的個性特徵，勢必會流失大量的消費資源。

要迎合顧客的個性特徵，首先需要了解顧客的性格特點，看其屬於哪種類型的人，從而對他們採取不同的說辭，就可以有事半功倍的效果。

一般來說，顧客的性格特點往往會透過他們的言行表現出來。從下面的故事我們可以看出。

法國的路易十四年代，有4位貴族被控犯下一樁罪刑，將被押上斷頭臺執行死刑。就在鍘刀落在脖子的一剎那，卡住了。在路易十四看來，這意味著上天的暗示——這4人確實是清白的。因此，這位皇帝宣布：他們自由了。

當這4位貴族獲得自由時，他們每個人都用自己獨特的方式表示感激。

第1位被釋放的是指揮家，他站起身來看著每一個人，不容置疑地說道：「我告訴過你們我是無辜的，下次我說的話，你們總該聽了吧？路易，我告訴你一件事：我要告你！」

第2位是聯繫者。他居然對劊子手說：「我知道這不是你的錯，我不會因此責怪你。禮拜天到我這裡來共進晚餐，怎麼樣？」

第3位是社交家。他的舉動出人意料。他竟然跳起來，看著每一個人，說：「派對開始吧！」

最後一位是思想家。他緩緩站起身，看著卡住的刀刃，說：「我想我看到了問題！」

這個故事就很典型地描述了4種基本個性的差異。

同樣的，我們每天接待的顧客中，也有不同類型的人。有些人態度固執，想控制他人，不肯聽取別人的意見，這類人是典型的指揮家；另一類顧客可稱為思想家，他們做事善於思考，聽從理性的指導；而那些處事隨和、有耐心、不喜歡變化的顧客，不妨稱之為聯繫者；還有的顧客喜歡交往，並希望被別人承認，就是典型的社交家。因此，銷售員在為他們介紹服裝時，要掌握與不同類型顧客的溝通方法。

不妨將顧客區分成幾種不同的類型，並採取相應的方法進行溝通。

■ 自命不凡型

這類型人無論對什麼產品，總表現出一副很懂的樣子，總用一種不以為然的神情對待，他們通常不相信銷售員的話，總是力圖從中找錯。

這類人喜歡聽恭維的話，因此，對他們進行服裝介紹時，首先要注意交流語氣的友好！要多多讚美他們，迎合其自尊心，千萬別嘲笑或批評。

■ 行動果斷型

這類顧客對自己的品味比較有自信，對別人見解不感興趣。因此，銷售員的介紹要力求標準化、專業化，同時，介紹的語氣要簡潔化。

■ 疑慮重重型

此類顧客總是對銷售員的語氣和產品品質心存疑慮，不願接受別人推薦的產品。

遇到這類顧客，銷售員要將產品或服務的優勢特點進行適度放大，將資訊明確地傳達給他們。比如，要用知名商標產品介紹時，不但出示商品，且讓他們察看、觸摸、配戴等。另外，最好用專家的話或真實的事實，並同時強調產品的安全性和優越性。

■ 優柔寡斷型

這類顧客對服裝挑挑揀揀，表現出愛不釋手的樣子，可是，比來比去很難下決定。也許是本來打算購買某種服裝，但因品質、價格、款式、花色等原因不合心意，而決定不購買；也許是因為旁人的一句提議而中途變卦。

銷售員在接待這類顧客時，不能認為他們會給自己添麻煩，因而服務怠慢，態度冷淡。對於此類顧客，應主動熱情地接待，首先要讓他們明白，沒有一種商品是十全十美的，改變他們的認知；之後可以為他們推薦幾款適合的產品，針對其實際情況幫他們做可行性的購買方案。可以巧妙地引導他們，讓他們在最短的時間內，意識到你的產品具有更多的優勢。不能採強迫的方式，強迫只會讓他們失去本來就不堅定的購買意願。更要突出服裝的多用性、實用性，讓他們覺得物有所值，就會放心。

■ 脾氣暴躁型

這類顧客很沒耐心，總喜歡教訓人，有時喜歡跟你「唱反調」。 性格暴躁的顧客倘若一上來就情緒激動，銷售員要想辦法先穩住他們的情緒，不要一開始就為他們熱情地介紹服裝，應對他們時，千萬要帶上你的微笑，先博其好感；然後以溫柔親切的語言去感動他們，他們縱有天大的雷霆電雹，也不會爆發了。

為了穩定他們的情緒，你可以先說些與服裝毫無關聯的話題，迂迴前進。你不妨這麼說：「哦，您是開建築公司的，不知道承建過哪些工程？」或是「您的孩子也喜歡打籃球，他有沒有加入校隊？」這類與銷售並無關聯的問題，可轉移顧客的注意力，使顧客的情緒漸趨穩定。

■ 小心謹慎型

這類型的顧客大多有經濟實力，他們說話、語氣或動作都較為緩慢小心，一般在現場待的時間比較久，就是為了保證自己購買的品質。

也有一些顧客是幫別人帶買的。他們面對服裝猶豫不決，反覆比較、左右觀看，並不時地詢問店員哪個產地服裝優質、什麼價位的服裝較適宜、哪種款式時髦、多大尺寸合適等問題。

銷售員在接待這類顧客時，要耐心地為客人介紹各種款式的特點，並向顧客了解穿著者的年齡、職業、性格、愛好等基本情況，幫顧客出主意、當參謀，幫忙選購，並詳細介紹洗滌保養方法以及退換的有關規定，盡量解除顧客的顧慮。

■ 沉默寡言型

沉默寡言的顧客雖然話不多，但頗工心計，非常苛求細節，並且很有主見，不被他人的言語所左右。你說了半天，可能他們也沒什麼表情變化，表現出很淡然的樣子。其實他們是在用心聽，在仔細考慮，只不過沒有表現在臉上，不輕易說出口。

這類顧客不提問便罷，一旦提問都是些令人頭痛的問題，而且他們本身就惜話如金。這時銷售員就不能矇混過關，要抓住問題的關鍵所在，小心地為他們解答。只要解答了他們的問題，這時他們就會立即要求開單訂貨。

這類顧客對銷售員緊跟其後最反感，影響他們的挑選心情。因此，對於這類顧客，要注意觀察他們留意的服裝，適當出擊。另外，要想辦法刺激他們的購買欲望，使其產生不平衡的心理。

■ 貪小便宜型

這種類型的人一是因為經濟不足，於是找一大堆理由，討價還價；一種是天生喜歡貪小便宜，總是希望你給他多點優惠，才想購買。

對於第 1 類顧客，可以專門介紹物美價廉的服裝；對於第 2 類顧客，要多談產品的獨到之處，給他們贈品或免費保固單，凸顯售後服務，讓他（她）們覺得接受這種產品是划算的。

總之，顧客的性格不同、消費傾向不同、接受銷售員的方式也會不同。因此，銷售員想成功地抓住顧客，首先就要懂得對顧客進行分類，先要明白自己所接待的顧客是什麼類型，才能為他們提供獨具特色的服務。

5 抓住不同年齡和性別顧客的關注點

服裝介紹既要考慮不同年齡層顧客的愛好特點，也要考慮他們不同的性別、職業特點等，其中，考慮不同年齡層顧客的特點是首選。因為不同年齡層的人對服裝款式和顏色的要求會有許多不同，如年輕人圖豔麗時尚、老年人圖穩重樸素、中年人圖大方雅緻等。因此，介紹服裝當然要先考慮顧客的年齡層特點，幫助顧客挑選適宜的服裝。

■ 年輕顧客的消費心理及引導策略

隨著人們物質生活水準的提高，很多人購買服裝的目的早已不再是出於生活必需的要求，而是出於滿足情感上的渴求，或是追求某種特定產品與理想自我概念的吻合。這些理念十分明顯和突出地表現在年輕族群身上。

年輕顧客具有強烈的生活美感，追求時尚與新穎，追求自我成熟和消費個性的表現，在服裝購買上，求新、求奇、求美；而且，他們購物時的衝動性多於計畫性，易受外部因素及廣告宣傳的影響。因此，銷售員要盡量向他們推介最新、最時尚、最有個性的服裝。

比如：「這是今年才流行的最新式樣！」

「這種款式你穿起來很時髦耶！」他們就會抑制不住自己的興奮。

對於那些完全生活在名牌世界裡的富裕家庭，通常品牌越大越知名，這些新新人類購買的可能性越高。因此，銷售員要為他們介紹知名的、時尚的品牌，乃至名牌，那樣才能吸引他們的眼球。

而對於那些只是以購買名牌、消費名牌的行為來滿足自己的虛榮心，為自己贏得「面子」的年輕人，則可以介紹一些比較實惠、具有一定知名度的名牌服裝。注重實用性就會受到他們的歡迎。

■ 中年顧客的消費心理及引導策略

中年人是家庭消費的主要決策者，他們也希望能以服裝來表現出自己穩重、自尊和富有涵養的形象及風度，因此，對服裝的購買偏重於大方雅緻等。

因為中年人也不一定都是事業有成，因此，對於高薪階層的中年顧客，要對其強調服裝的品牌等級層次與其生活環境和職業需求的協調；對於一般收入的中年顧客，要對其強調商品的安全、健康、品質、價格等。還有一點不容忽視的是：在崇尚自然的時代，即便是中年人，也正逐漸轉向休閒服飾消費。有資料顯示，45 歲以下的中青年消費者，逐漸傾向於「新正裝」風格，對休閒服裝的要求也不斷提升。因此，向他們推銷舒適、有個性的休閒服飾，會具有足夠的吸引力。

一般來說，中年人在走進服裝店時，事先對購買什麼牌子的商品都有一定的考慮。因此，為他們介紹服裝要實事求是，不要誇誇其談。

老年人的消費心理及引導策略

老年顧客一般以舒適、方便為主，因此，寬鬆的樣式和棉質類服裝等都是他們的首選。

老年人喜歡已穿習慣的款式，對一些新式樣，比如緊身類、時尚類等不會感興趣。因此，銷售員在為他們做服裝介紹時，一定要懂得適合他們的生活習慣，不必強求。也有些老年人越活越年輕，特別是老年女顧客，喜歡用鮮豔和時髦的服裝來彌補自己年齡的差距。對這種顧客，介紹樸素和色彩黯淡的服裝，就無法引起他們的興趣。

因為老年顧客的購物經驗往往十分豐富，所以他們對服裝的挑選比較嚴格。因此，為他們介紹時，要注重質地堅固、做工精細等。比如說：「這是名牌產品，老字號，10 多年來一直非常暢銷」等，就可打消他們的顧慮。

另外需要注意的是：為老年顧客介紹時，要配合他們的節奏。

一般老年顧客大都動作節奏慢，因為對時尚類不太了解，往往會問得比較仔細。有時，甚至會反覆詢問同一個問題。這時，個性再急躁的銷售員也要有耐心，不可因為他們選購的服裝等級層次較低，就面露厭煩之色，要簡單易懂地給予回答。特別是試穿時，老年顧客通常對脫衣服很反感，這時，銷售員要先為他們找一個可以坐下的空間，請他們休息一下。而且，準備幾套差不多的衣服放在旁邊。

值得注意的是：銷售員在為老年顧客介紹服裝時，一定要自始至終使用敬語，以贏得老年顧客的信賴。

介紹服裝不僅要從年齡層，還要從性別上加以區分。因為男人和女人的購物習慣是截然不同的。

一般而言，男顧客天生豪爽開朗、辦事果斷。他們進服裝店一般目標比較明確，也比較容易相信店家的介紹。而女性顧客通常比較細心，再加上購物經驗豐富，不僅對服裝的品質等詢問比較仔細，而且也會對同類服裝反覆比較。可是，女性購物儘管時間長，但是，她們的消費能力不容忽視。隨著現代女性在社會和家庭生活中地位不斷提高，除了追求美以外，女性對時尚的追求已經往更高層次轉變，不但注重外表，而且關注內心和高品質的生活轉化。因此，想在這重要的客戶群中取得優異的業績，必須時刻注意現代女性消費者的消費特徵及變化趨勢。一般來說，明亮的色彩、精美的包裝、新穎的款式、獨特的風格圖案等，都可以迎合廣大女性消費者的心理，使她們產生美的聯想。

另外在服裝介紹中，要注意情感導入。因為女性消費者天生需要被關心、被理解、被誘導、被個性化服務，因此，銷售員在銷售過程中導入情感的方式，會讓她們產生正面感情，以激勵購買行為。

隨著社會經濟的迅速發展，消費者需求呈現多元化的趨勢。男女老少的購物習慣，除了年齡和性別的原因外，還有其他不同處。不論對哪種顧客，銷售員都要注意，在介紹中把服裝包含的氣氛、情感、趣味和理解，用人文關懷表現出來，這也是打動顧客的重要面向。

6 實事求是介紹服裝

有些銷售員在介紹服裝時，總是有意無意誇大功效，以便快速引起顧客注意；有些銷售員不管服裝是否符合需求，只會花言巧語地勸說他們購買價格最高的；有些銷售員看到顧客看中哪件服裝，就把那件服裝的價格提高；有些銷售員故意魚目混珠，害顧客造成嚴重損失。上述惡劣表現，都不是為顧客負責的態度，也沒有達到服裝銷售的目的。小劉與小王是 2

個新來的銷售員，都為某家公司推銷同品牌的服裝。半年後，他們二人的業績卻完全不同。

小劉認為，銷售員就是為了把產品推銷出去拿提成，因此總是吹噓這種品牌的服裝質料多好，工藝水準有多高，引誘顧客前來購買最高價位的，因為這樣他可以多拿提成。而小王招待顧客時，則會按照顧客的體型、膚色及要在什麼場合穿等，幫他們分析應該選什麼價位的。而且，連洗滌問題也會告訴顧客，不會讓顧客因為不懂服裝打理而多花費。結果，顧客認為，小劉完全是為自己考慮，而小王則是在幫助他們。

半年後，小劉的客戶越來越少，而小王的提成卻越來越多。

優秀的銷售員不是向顧客「賣」產品，而是站在顧客的角度，實事求是地「幫」顧客挑選最適合的。如此，顧客自然會認可你。

能否賣出東西，並不在於你是否說得天花亂墜，也不在於你魚目混珠，矇騙過關。服裝介紹需要實事求是，這才是贏得顧客的恆久之道。如果誇大事實，第 1 次顧客可能上當，但是絕不會再有人吃 2 遍苦。而且，顧客的口碑也會將你的臭名遠颺。因此，在介紹服裝時要力戒以下幾種做法：

■ 忌用新產品矇騙顧客

有些銷售員常常利用顧客不熟悉某種服裝，特別是新款式、新質料、新功能等的心理，大展「騙功」。

比如，有位賣保暖服飾的銷售員，就故意誇大這種具特殊功能的服裝的使用範圍，千方百計把服裝的功能與顧客的生活連結，不但稱讚該款式服裝保暖功能好，而且吹噓質料中含有中藥成分，有醫療及治療功效等。於是，許多顧客產生錯覺，覺得自己確實需要購買這種功能特殊的服裝。

但等他們穿上才發現，完全不像銷售員吹捧的那麼厲害。於是，這些顧客一怒之下，向消基會投訴，該銷售員和店家的形象都受到影響。

■ 忌用偏激的話語刺激顧客

有些銷售員自以為很聰明，或是在各方面都比顧客占有優勢，因此，常用一些比較偏激的話語來刺激顧客，透過暗示顧客現在的處境不佳，來說明自己的服裝對顧客來說多麼重要。

比如在「麗人服裝店」，一位銷售員對女士說：「您老公現在這麼有地位，又有能力，您的穿著和他的距離實在是太大了。您總是這樣不愛打扮，早晚他會變心。這方面的教訓太多了！」於是，這位女士覺得需要趕緊打扮一番，趁自己還不老，跟上老公的高度，保住自己的婚姻！

但是，沒有料到的是，這種方式並沒有見效。儘管這位女士不惜花費上萬元買品牌服裝，最終，別的女人還是向老公投懷送抱。以後，這位女士見到該銷售員就大罵「騙子！」

以上各個例子，銷售員明顯都誇大其辭，這種銷售方式是極其錯誤的。不但會遭到顧客的拋棄，而且會損害公司的形象。

銷售員的行為本身，代表的不只是自己，而是公司的形象。因此，銷售員要注意自己的一言一行給公司帶來的影響。只有處處從維護公司和顧客客戶的利益出發，顧客才會維護你的利益。因此，特別是對待老年顧客和小顧客，銷售員一定要做到童叟無欺。

只有誠信，顧客才會更加信任你。

有家鐘錶店的門口牌子上寫著：「本店有一批手錶不太精確，一天會比正常時間慢 24 秒。請您在選購時，一定看準了再買賣。」

沒想到的是，這塊牌子掛出去後沒多久，鐘錶店的生意就變得出奇

好，銷售量竟然翻了好幾倍。

一位顧客說：「那些標示鐘錶運行絲毫不差的商店，未必就會準時。可是，這家鐘錶店連 1 小時慢 1 秒都肯對顧客據實以告，買他們的東西，我們放心。」

這家店生意會好的原因不外乎「誠信」2 字，實話實說，把產品的缺陷據實告知顧客，顧客看到店家如此為自己著想，自然而然就會視他們為「信得過的店家」。這也是誠信之道。

要實事求是，銷售員自己就不能不懂裝懂。

在為顧客介紹服裝時，有些銷售員明明遇到自己也說不清的問題，或者無法回答、回答不完全，但是卻「打腫臉充胖子」，不懂裝懂，欺騙對方；或含糊不清隨便應付，這些行為都不是誠信的表現。顧客相信的是誠實的銷售顧問，實話實話，他們並不會看輕你。

當然，對顧客的一些缺陷和短處，大可不必實話實話。

有時，顧客會說自己買的服裝不好，或自己長得不太好看等，這時銷售員絕不能附和他。附和他們就等於承認了顧客的說法，會讓他們心裡不悅。對此，銷售員一定要有心理準備。

再者，即便是對待有缺陷的服裝，實話實話時，也需要做些彌補。比如：「這件衣服的做工是有點不到位，不過不是大問題，這種價格已經很優惠了。你的巧手稍作彌補，就物超所值喔！」如此，顧客才會心安理得地接受。

話是說給人聽的，說得好可以讓別人心情舒暢；說不好就會令他人情緒低落。因此，儘管實話實話，也要讓顧客心裡痛快，對自己產生好感，那樣，他們就會更願意與你做生意。

7 說得顧客正中下懷

一些銷售員在簡單招待顧客後，就生硬地介紹產品，結果迎來顧客毫不客氣地拒絕，或者不予理睬的尷尬局面。這往往是因為沒有掌握介紹服裝的藝術。

服裝銷售員不僅需要口齒伶俐，要說的讓顧客成交，還需要了解顧客不同的消費目的和關注點。如果服裝銷售員提出的商品利益與顧客的關注點不一致，那麼即使這件服裝再漂亮，也不會引起顧客的購買興趣。

顧客有不同的需求，其對商品的關注點並不相同。也許是價格適合他，或是滿足了他獨特的個性，或是滿足他的虛榮心等。因此，在銷售時，服裝銷售員必須了解「什麼利益對這個顧客具有最大的吸引力」，「什麼利益是這個顧客最需要的」。只有知曉了這些，並加以滿足，介紹服裝才能正中下懷。

滿足顧客的個性

某位女士走入門市，突然眼睛一亮，直奔掛在衣架上的幾款大衣。稍後，她請銷售員拿下其中一款粉紅色的，經過試穿後感覺還不錯，就準備買單了。

正當她掏出錢包要付款時，銷售員恭維了一句：「小姐真是有眼光，這個款式非常受歡迎，今天已經賣出好幾件了。」

沒想到這位女士聽了之後決定放棄購買！銷售員覺得很奇怪，就問她：「小姐，您能告訴我為什麼您突然又不買了嗎？」

這位女士微微一笑，回答說：「沒什麼，我就是不喜歡太大眾化的衣服。」

顧客都有自己的個性，不同個性決定了客戶在購物時的行為各不相同，對於種種不同的行為，銷售人員要尊重他們的個性。雖然，每個款式的服裝不可能只生產 1、2 件，但是，對於這種喜愛標新立異的顧客，可以為他們推薦品種和款式較為稀少的服裝，讓他們穿上去後有與眾不同的感覺。

你尊重了顧客的個性，他們才會心甘情願地掏腰包。

■ 適合顧客的承受能力

在為顧客介紹服裝時，銷售員首先要考慮到顧客在價格上的承受能力。否則，款式再新穎、顏色再漂亮，顧客的承受能力達不到，也銷售不出去。

在春節快到時，一家服裝店走進 3 位顧客。一位是年近 50 歲的中年婦女，後面是一對年輕男女，大約 20 歲的樣子。男性穿著比較普通，但是女性穿著時髦。

銷售員看到中年婦女直奔服裝而來，熱情地的跟他們打招呼：「3 位，今天想買點什麼嗎？我們的貨都是新上架的。」

「這家店的服裝還蠻多的，你們看看，有什麼滿意的。」 中年婦女開始對 2 位年輕人發號施令。

銷售員一看，了解了他們之間的關係，可能是未來的婆婆要幫媳婦選衣服。於是，她急忙拿出新到的服裝說：「這幾件都是今年的最新款式，我們是剛到貨，這裡獨賣。小姐穿上一定很合適。」

女孩接過衣服，面露喜色。她目不轉睛地盯著這件 3,900 元的羽絨服，喜出望外。可是好一會兒，婆婆卻不做聲。她反覆撫摩揉搓著衣服說道：「這種質料結實嗎？我們鄉下人可比不上你們臺北人。我們整天都需要忙東忙西的工作，要實用。」

銷售員聽懂了婆婆的言外之意，她看到婆婆說完後，目光停留在1,000元左右的衣服上。那位男士一會兒看看自己的母親，一會兒又看看自己的女友，不知道如何是好。

細心的銷售員明白了：女孩雖然不計較價錢，只要漂亮就好，但是財政大權握在中年婦女手裡。她想買件物美價廉的，此時為她介紹價格較高的當然不會滿意。於是，銷售員開口打破了尷尬的局面：「小姐，您看中的那件羽絨服，款式雖然漂亮，但顏色太深了，不太適合您穿。您看看這件喜不喜歡？」

銷售員邊說，邊找出一件價值不到2,000元的羽絨服。「這件衣服是上午才到貨的，還沒來得及掛上去。您看，不但款式好看，品質也不錯，這種材質不會影響工作方便度，穿上還顯得帥氣。」

女孩還沒開口，銷售員又向中年婦女說道：「大姐，這件衣服可不比那些價錢便宜的，那些1,000元左右的做工粗糙，不耐穿。」

結果，女孩試穿後，怎麼看怎麼滿意，那中年婦女也眉開眼笑，高高興興付了錢。那位男士也露出了開心的笑容。

不同的人就有不同的消費心理，女孩愛美，中年人喜歡便宜，兒子哪邊都得罪不起。如果要讓她們都滿意，就得找個折衷的方案。中年婦女既要顯示出大方，又捨不得錢。於是，銷售員為她挑選了一件價格和品質都比較合理的，既讓女孩高興，也讓中年婦女和兒子臉上有光。她的這席話可謂一舉三得。

■ 滿足顧客的虛榮心

虛榮是人的天性。我國大眾有很強的面子情結。為了維護自己的個人地位，他們時時刻刻注意自己的行為是否「有面子」。為了獲得「面

子」，他們會設法去做體面的事情，比如買名牌、買奢侈品等，以此來獲得他人羨慕的眼光，或提高自己的社會地位。因此，對銷售員而言，利用顧客的虛榮心，往往是有效的利器。

某天，一位打扮光鮮的貴婦光臨某品牌服裝店，說是要為出國的丈夫選購服裝。於是，銷售員向其推銷高檔服飾。結果，這位太太左看右看就是不肯出手買，而且還抱怨價格偏高。

這時，銷售員說：「我們這類服裝價格是高了點，但對象也都是白領商務人士，他們穿上這類服裝，品味馬上改變。你的丈夫要出國，如果只穿一般薪資階層的服裝，恐怕會影響形象吧！」沒想到這句話正中她的下懷，聽得她心花怒放，毫不猶豫地就掏錢買下了。

由此看來，著重介紹最能打動顧客心理的部分，觸動對方心底的某根神經，讓他感同身受，就會得到他的認同，達到你的銷售目的。

■ 了解顧客的使用目的

向顧客介紹服裝，要本著為他們負責的態度，清楚他們的使用目的，為他們介紹適合的服裝。

在某個大城市的品牌鞋專賣店中，一家 3 口在選購。銷售員熱情地迎上前去打招呼：「請問 3 位想看看哪些款式的？」

「我要 NIKE 的！」胖胖的男孩目光緊盯著高價位的鞋不離開。

「小小年紀穿什麼名牌！」父親訓斥道。

「我同學都穿名牌，我也要穿！」孩子依然堅持。

「有錢也不會買給你，不能從小就讓你養成大手大腳花錢的毛病。」母親也接著訓斥說。

「你們從來就不是真心喜歡我。」孩子固執而衝動地嚷道，眼看一場家庭戰爭就要爆發。

此時，銷售員沒有為了銷售高價位的 NIKE 勸慰父母滿足孩子的要求，而是誠懇地對孩子說：「NIKE 鞋雖然是品牌，但你現在正在上小學，蹦蹦跳跳的活動多，買它可能會有點浪費。再說，因為價格高，通常都會捨不得穿。但你正是身體發育的年齡，腳長得快，一雙高價位的鞋，還沒穿過癮就太小了，豈不是非常可惜嗎？」

看到孩子有點動搖，銷售員拿起一款中等價位的鞋對他父母說：「這種品牌雖然價格低廉，但是是臺灣製的，因為是國內製造，當然價格也划算。功能很不錯，許多運動員都來買它喔！」這一席話說得孩子面露喜色，孩子的父母也點頭表示同意。

該銷售員的一席話說得有情有理，既協調孩子和父母之間的矛盾，又讓父母找到購買低價鞋款的理由，滿足了雙方的不同需求。

■ 語言要有藝術性

另外，在說服顧客的語言上，也要進行一些藝術處理，那樣顧客才會感到十分舒適。比如對較胖的顧客，不說「胖」而說「豐滿」；對膚色較黑的顧客，不說「黑」而說「膚色健康」；對想買低價位的顧客，不說「這個便宜」，而要說「這個價錢比較適中」。這些話不但中聽，而且能讓顧客感覺到你是尊重和理解他們的。

身為一位優秀的銷售員，要讓把服裝介紹的人見人愛，既需要了解購物者的消費心理和承受能力，也需要充滿熱情，有職業道德和奉獻精神。只有從幫助顧客解決問題的角度考慮，根據購買服裝的不同對象、不同目的，有重點地進行介紹，才能讓顧客高興而來，滿意而歸。

第四章　把服裝介紹得人見人愛

第五章
激發顧客的購買欲

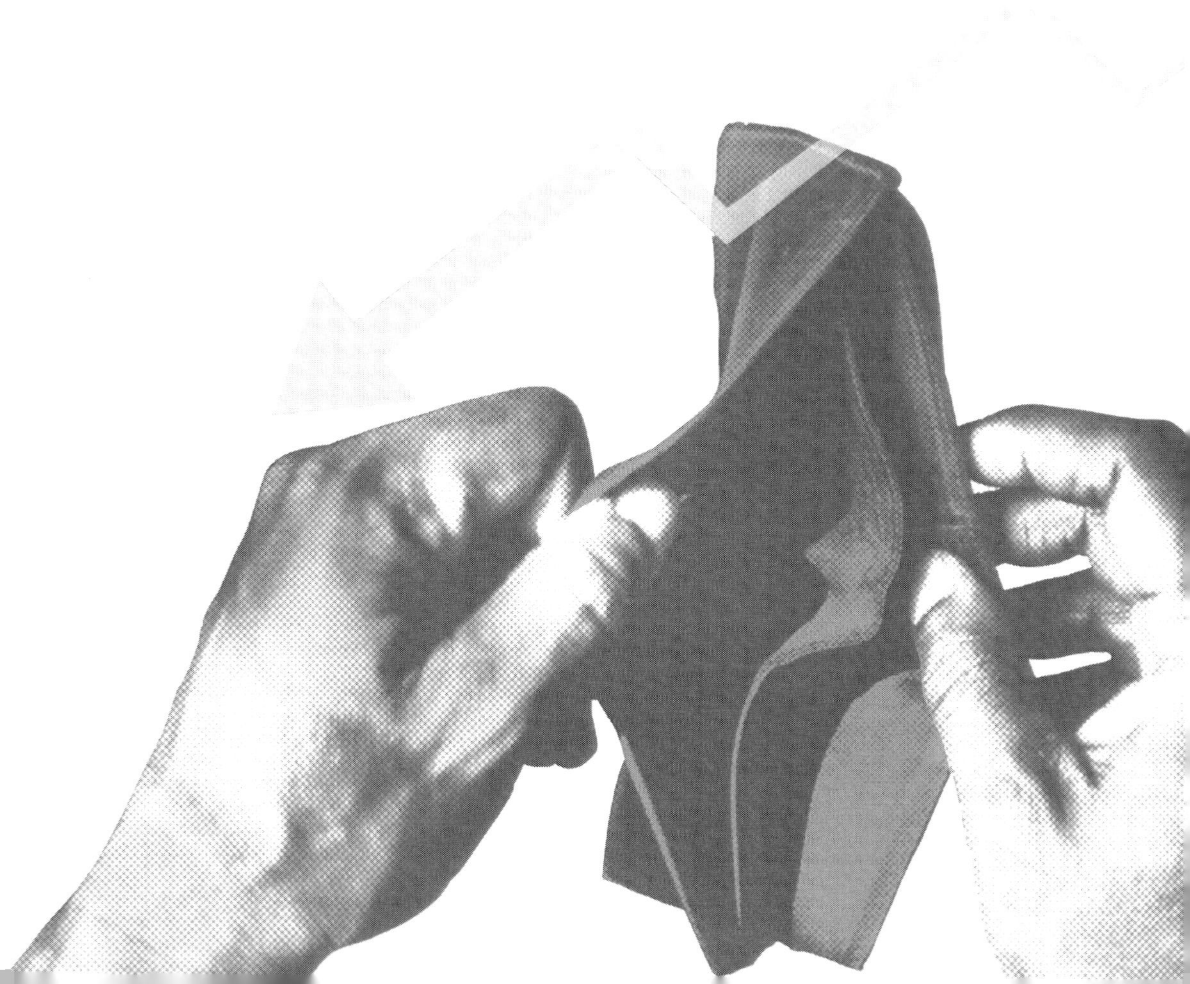

透過服裝介紹，在極短的時間內讓顧客產生購買欲望，是服裝銷售中非常重要的環節。可是，一些銷售員在介紹服裝時，往往單調、生硬、抽象，不具有鼓動的作用，顧客聽了之後毫無反應。

要勾起顧客的購買欲望，就需要運用語言描述在顧客心裡創造一些圖像、聲音、氣味、感覺等。只有運用多種方式去吊起顧客的胃口，並且創造需求，才有利於推銷成功。

1 刺激顧客最直觀的感受

生物都有刺激感應性，受到刺激就會做出相應的反應。人也是如此，不論什麼時間、什麼地點，只要周圍有刺激，就會產生反應。人的這種應激心理，在服裝銷售中也可以被很好的應用。銷售員可以利用視覺、聽覺、觸覺等刺激顧客的購買欲。

有人做過一項調查，視覺和聽覺共同作用於顧客，會比僅付諸聽覺更有效 8 倍。因此，充分使用這種直觀刺激，也可以激發顧客的購買欲。

比如賣燒烤的，如果一味向顧客介紹：「我們的牛排是用進口的日本或美國牛的部位製成的，採用特殊佐料醃製而成，使用石炭進行燒烤……」，這些話只會讓顧客聽後覺得一頭霧水。如果顧客看到和聽到燒烤師傅烤牛排發出的「滋滋」聲，然後聞到隨著「滋滋」聲所散發出來的香氣，即使你一句話也不說，食客也會被這種聲音所吸引，這就是直觀感受的作用。

服裝銷售員也是一樣，你賣的服裝除非讓顧客一見鍾情，否則是很難開啟他的心扉的。而如果你賣的是一種感受，就會很容易讓對方感同身受，最終讓他接受。

■ 色彩衝擊

在服裝給人的感受中，色彩給人的衝擊是最強烈的，因此，銷售員要巧妙地運用色彩吸引顧客看過來。

可能每個人都有這樣的感覺，如果在炎熱的夏季看到耀眼的火紅則會心浮氣躁、熱氣上升；但當我們看到如湖水一樣的藍綠色時，就會有種爽快無比的感覺。在陰鬱的空間中，如果看到如天空一樣湛藍的色彩時，心情也會為之開朗等。這就是神奇的色彩給我們帶來的不同感受。在服裝銷售中，銷售員可以利用不同的色彩恰當地布置組合服裝，把色彩轉化成顧客的一種良好感受，勾起他們的消費欲望。

可是，有些銷售員，常常無視顧客的感受而僅憑自己的偏好布置，自然難以對廣大顧客產生吸引力。常常有些小服裝店，把各種色彩的服裝都掛滿牆壁，從來沒有考慮這些服裝色彩之間是否協調、搭配，要不全部都是鮮花怒放，使人感覺很刺眼；要不就是色彩簡潔單調，讓人感覺乏味。還有些年輕人開的服裝店，為了顯示自己很「酷」，把服裝店布置成一律黑色調，甚至把衣服畫滿骷髏，掛在顯眼的櫥窗上當展覽，令人有種陰森森的恐怖感。

服裝色彩搭配和店內的布置要符合大眾的審美觀，因此，銷售員需要掌握一些審美知識，讓色彩對比度強，讓顧客眼前一亮，才能達到刺激他們視覺的效果。

比如在白雪皚皚的寒冷冬季，如果把紅色、黃色、橙色這些「暖色」服裝擺放在明顯的位置，就可以使顧客眼前一亮，倍感溫和、親切；在炎熱而煩躁的夏季，當顧客走進店，迎面撲來的是滿眼的藍色、綠色和紫色等的 「冷色」類服裝，那麼就會感受到平靜、開闊的氛圍。另外，從服裝顏色的搭配上來看，色彩的不同組合可以表現出「和諧、美麗」。假如上身是顏色比較鮮豔的圖案，下半身配相對簡潔的服裝；如果上身顏色比較鮮豔，下半身顏色比較樸素，人們就會覺得比較和諧。再如藍色與白色相配，可以代表一種雅緻而深沉的力量。這些恰到好處的顏色都直接映入人們的眼簾，透過感官刺激，給人不同美的享受。

顧客對色彩的感覺不只來自物理的、生理的器官所產生，更多的是心理上的感覺。服裝獨特的色彩語言，不僅使顧客更易辨識服裝，而且還可以產生親近感。此時，服裝便不再是一件孤立的商品，而是服裝店與顧客建立情感的紐帶。

■ 廣告影片刺激

在傳統的銷售觀念中，顧客光顧商場的目的只是為了購物，但今天，顧客已經把到商場瀏覽豐富多彩的商品，視為度過休閒時光的一項內容。尤其是在服飾品商場，顧客在輕鬆隨意的瀏覽中，可以獲得商品資訊和時尚動態，從而更容易把握自己的消費方向。因此，不論大型的服裝超市商場，還是中小型的服裝店，對顧客的直觀刺激並非只表現在服裝的款式和顏色上。在視覺方面，從展示、陳列的技術與方法，到原理與觀念層面的深入，比如利用燈光、POP（Point of Purchase Advertising）、影片演繹、道具展示等，營造和渲染出熱烈的銷售氣氛，以喚起顧客的好奇心。

POP 廣告有「無聲的銷售員」和「最忠實的推銷員」的美名。儘管各個廠商已經利用各種大眾傳播媒體，對企業的產品進行廣泛的宣傳，但是有時當顧客步入商店時，有可能已經將大眾傳播媒體的廣告內容遺忘，此刻銷售員如果能夠利用 POP 廣告在現場展示，可以喚起顧客的潛在記憶，促成購買行動。

特別是當新產品出售時，配合其他大眾宣傳媒體，在銷售場所使用

POP 廣告進行促銷活動，可以吸引顧客視線，刺激其購買欲望。再者，當顧客面對諸多產品而無從下手時，擺放在產品周圍的一則 POP 廣告會忠實地、不斷地向顧客提供產品資訊，促成其購買的欲望。

許多服裝商家不僅在店裡的電視機上針對性地播放與產品有關的廣告或影片，且還在戶外的影片上利用明星等塑造亮麗的服裝效果，這些視覺形象所傳達的資訊就不再只是「這是商品，請您來選購吧！」而是「這是一種生活，請您來體會吧！」。視覺行銷不僅把服裝推向市場，讓顧客被動地接受，而是提升為把顧客請進市場，讓顧客在時尚生活的體驗中，自發地產生消費需求，進而產生購買的行為。當然，賣場也被營造成表現生活多彩，及和時尚律動舞蹈的一個場所，顧客一旦被現場氛圍感染，就會產生購買衝動。

總之，不論是運用色彩還是運用其他視覺行銷手段，都是為了讓顧客經由心理上的認知和體驗，享受到生活的樂趣，從而達到刺激消費的目的。

2 打造吸引顧客的服裝「磁場」

要刺激顧客的購買欲首先需要吸引顧客的注意力。

一般來說，顧客在購買商品的過程中，會產生一連串的心理活動：注意、興趣、欲望、成交。顧客之所以會對某物品產生興趣並決定購買，首先一定是這件物品引起了他的注意，如果他什麼都沒看到、聽到，那是不可能產生後面行為的。因此，一個成功的銷售員，首先必須把顧客的注意力吸引或轉移到產品上，使顧客對所推銷的產品產生興趣，從而產生購買欲望。

俗話說：「有人氣才能有旺氣，有旺氣才能有財氣。」服裝零售店更是如此，只有設計布置出令顧客滿意的賣場，才能凝聚人氣、吸引顧客。有些銷售員認為「賣場設計是老闆和設計人員的事情，和我有什麼關係？」其實不然。老闆和設計人員平時很少直接接觸顧客，不易掌握顧客喜好的賣場形式。而銷售員每天與顧客進行廣泛又直接的接觸和交流，更清楚顧客所關注的層面，因此，賣場設計布置離不開銷售員的參與。

曾經，某內衣專賣店發生過這樣的情況：當女顧客走進衣架開始挑選並且比試時，突然發現不遠處有男人盯著她們看，雖然這些男士是無意識的，只是目光所及，女顧客的心中當然不悅，勇敢者勉強鼓起勇氣繼續挑選，羞澀的少女則立即放棄購物。

服裝是要賣給顧客的，因此，賣場設計應該始終站在顧客的立場。從企業內部來看，銷售員就是顧客的代言人，因此，對於賣場的設計布置也應該當仁不讓。這才是為顧客負責的表現。

那麼，怎樣才能布置一個讓顧客滿意，且能吸引顧客留戀觀看的服裝賣場呢？

■ 醒目

服裝布置的第一要素是醒目，只有醒目突出才能迅速引起顧客的注意。

要達到醒目的目的，就要對服裝店的位置巧妙利用。

大多數服裝店的格局往往是矩形，那麼，那些主打服裝應放在這個矩形的周邊，即服裝店的 3 條邊線上，這種配置能引導顧客走遍整個賣場。

因為絕大多數的購物者走進賣場後，都喜歡往右邊走，因此，進店的右前方通常是比較好的地段，此處應該用來陳列那些最想銷售、利潤最高的服裝，容易吸引顧客。另外，與向右走的行為習慣相伴的是人們喜歡使用右手取物。因此，如果希望向顧客銷售某種款式的服裝，就應該把這些服裝陳列在顧客所站位置的右側。

任何一個服裝店都有自己的主打服裝，比如：高毛利、高附加價值、高周轉率、款式新穎、名牌或促銷服、特價服等等，因此，許多服裝店常常選擇訂貨量較大的款式來當焦點款，放在較為明顯的位置進行展示。這樣，不但可以加深顧客的印象，還會讓顧客認為這是暢銷款，以造成促進顧客購買的心理效應。

當然，即便這些「焦點款」的服裝也需要經常更換，給顧客帶來新意，才能提升購買機會。

另外，因為每個服裝店都有自己的最佳位置和比較偏僻的位置，因此，除了專櫃陳列、特殊擺放外，還可以用廣告說明、箭頭指示等引起注意。

■ 角度適合

眾所周知，觀察角度不同會直接影響事物的視覺效果。只有幫顧客設計出最佳的觀察角度，才能達到有效觸動顧客的效果。

一般來說，擺放高度應為 1.7 公尺，與顧客的距離約為 2 ～ 5 公尺為宜。在這個範圍內擺放，可以使顧客清晰地感知服裝形象，同時也便於觸摸。

■ 恰到好處的背景音樂

服裝的陳列除了色彩搭配外，還可配以悅目的燈光、動聽的音樂、精彩的廣告等來凝聚人氣以及帶動品牌文化的傳播。

凡經營場所透過專業技術設備播放的音樂，統稱為「背景音樂」。在服裝店中，背景音樂也是影響顧客購物感受的重要因素。音樂本身就是一種藝術，它的節奏、旋律可以對聽眾的心理施加一定的影響力。實驗證明，音樂可以減弱人們不安與緊張的消極情緒。另外，音樂的律動可以影響生物體內在的運動節奏。

一般而言，規整的節拍律動符合人的自然傾向，能和生命內在的運動產生合拍共振，從而促進生物體的有序運動和健康發展；而嘈雜混亂的音樂，則與人的自然生理傾向相背離，因而會引起人體的生理功能紊亂。因而，服裝店如果把音樂當作活動的背景，播放適宜顧客享受的音樂，會使人潛移默化地受到音樂的暗示，從而調節心情和心態，也可以吸引顧客停下腳步駐足觀看並且選購。

當然，再動聽的音樂如果從開門到關門一直播放也會讓人不耐煩。有些街邊的小服裝店為了吸引行人，常常把門前的音箱放得震天大響，結果適得其反，人們唯恐避之不及。因此，音樂的播放也要掌握音調和時間。早上 9:00 ～ 10:30、 中午 12:00 ～ 14:00、晚上結束營業前半個小時，這 3 個時段播放音樂會造成非常好的效果。而且音調以低中音、不影響顧客說話為宜。

■ 包裝、造型等刺激

再者，服裝的包裝、造型等也可以有效地刺激顧客的購買欲望。

在美國人的購物習慣中，沒有包裝的商品就是對人的不尊敬。華人雖然沒有這個習慣，但是包裝確實能提高商品的等級層次，美觀的包裝甚至可以給人愉悅的感受。

表現在服裝的包裝上， 男士重包裝的高貴、等級，女性大多重新穎、別緻、華麗等。懂得這些，銷售員就可以巧妙地運用包裝來滿足人們的購物欲。

顧客的購物行為看起來似乎很簡單，但它卻在無形中決定了服裝店的布局。因此，銷售員不僅要做個開口秀，還要提高自己的審美能力，懂得服裝的陳列布局藝術，爭取幫顧客打造美的空間，激發他們的購買欲，自然可以降低推銷的難度。

3 演示，用逼真的效果打動顧客

銷售員如果只用語言的方法介紹服裝，通常會面臨這種情況：一是服裝的許多特點無法用語言介紹清楚；二是顧客對銷售員的介紹半信半疑。這時，銷售員進行演示示範和使用推銷工具就很重要。

所謂示範，是指利用產品示範展示其功效，並結合一定的語言進行介紹，將產品的功能、優點、特色展示出來，以幫助顧客對產品有直觀了解和切身感受。而且，一個設計巧妙的示範方法，能夠創造出銷售奇蹟。

有位安全玻璃銷售員每次去推銷時，他的皮箱裡總是放著許多被截成15 公分見方的樣品，包裡同時還裝著一個小鐵鎚。

當他走進自己要推銷的廠商時，通常會問對方：「你相不相信安全玻璃？」人們常常搖頭。

之後，他就把包裡的安全玻璃放在客戶面前，拿起鎚子，用力一敲。人們總是會被他嚇一跳，而那塊玻璃果然沒被敲碎，顧客驚嘆：「天啊！竟然真的有敲不碎的玻璃」，都被這種演示所折服。

這時候，銷售員就問：「你們想買多少？」結果，整個銷售的過程還不到 1 分鐘，這就是演示的力量。

人們常說：「耳聽為虛，眼見為實」，比起從銷售員自己的嘴裡說出，顧客更願意相信自己親眼所見的事實。演示，是為了讓顧客了解產品的功用，增加交易發生的可能；演示，就是為了打動顧客的心，打消顧客的疑慮，讓顧客切身感受、體驗自己的產品或服務，產生強烈的購買欲。

服裝本來就是看得見、摸得著的，因此，服裝銷售員一定要把演示當成真正的銷售工具，讓顧客切身感受。

當年輕的皮爾．卡登立志創業時，就運用了演示這種方法。

1950 年，皮爾．卡登在一所陋室的樓房裡開辦了自己的服裝店。在巴黎這個世界時裝之都要想開創一片屬於自己的天空，又談何容易。於是，他聘請 20 多位年輕漂亮的女大學生，組成了一支業餘時裝模特兒隊。

1953 年，皮爾．卡登在巴黎舉辦了一次別開生面的時裝展示會。伴隨著優美的旋律，身穿各式時裝的模特兒華麗登場，時裝模特兒的精彩表演，使皮爾．卡登的展示會獲得意外的成功，訂單雪片般地飛來。

由此看來，演示雖然是比較傳統的推銷方法，但是效果顯而易見。因此，演示這種方式在服裝界歷久不衰。從最早興起的內衣模特兒時裝展到後來遍及全國各地的各式服裝展銷等，層出不窮，也引發了一輪又一輪的購買熱潮。

近年來，隨著「旅遊熱」、「健身熱」的盛行，越來越多的人們投入到登山、攀岩、探險等戶外運動，尤其是年輕人，使之成為生活中不可缺少的一部分。許多服裝廠商看到了這個商機，不僅出售旅遊服裝，而且還舉辦各種宣傳活動。

旅遊服裝廠的服裝適合年輕人崇尚張揚自我、率性而為、美麗自如、自由炫示的特點，對著裝不僅要求保暖、蔽體和視覺形象上的美化功能，更欲將每個人變成引領時尚的先鋒。所設計的服裝方便、合適且功能性很強。上衣是富含實用性的外套背心，下擺拉鏈開合，前胸的裝飾帶可以變為背帶，把登山包很方便地背起來。而且選用牛仔布材質，穿著舒適又結實耐磨。突出了年輕人瀟灑、新奇、堅強、幹練、粗獷的風格。

這次旅遊服裝展示會款式多變，展示了不同的效果和外觀，既與普通款式的服裝涇渭分明，同時又展現現代社會的生活節奏與生活狀態。不但引起訂購商的歡迎，也引發許多中年顧客的熱愛。這就是示範演示的神奇魅力。

當然，任何事物都有雙面性。即使服裝示範的效果再好，也不能保證穿在每個人身上都會有良好的效果。因此，銷售員要掌握進退自如的靈活技巧。

服裝本來就是可以直接看到的形象，因此，不論是公司舉辦的時裝發布會，還是請模特兒當場為顧客演示等，銷售員都可加以利用。運用這種示範方法給顧客造成更大的衝擊，激發他們的購買欲望。

4 親身體驗，讓顧客大吃一驚

在每天來服裝店的顧客中，許多人的需求欲望由於受到主客觀因素的影響，往往沉落到潛意識的狀態中，也就是說，在顧客心中有很多的「不知道」、「沒想到」、「想不到」。那麼，當顧客的某種消費需求處於萌芽或朦朧狀態時，透過親身體驗，讓顧客自己去感受服裝價值；讓顧客身臨其境，感受自己形象的變化，就可以燃起心中的購物欲！

當然，服裝最好的體驗就是讓顧客試穿。經過調查顯示，顧客是否購買產品，很大程度取決於是否能夠進入試穿（體驗），以及試穿（體驗）的效果顧客是否能夠認可。一旦顧客開始試穿，他們的態度就會改變，通

常 68%的顧客試穿後會願意購買。

那麼，體驗為何有如此神奇的魅力呢？

從心理學角度來講，體驗是當一個人達到情緒、體力、智力甚至是精神的某一特定水準時，他意識中所產生的美好感覺。

體驗的主要特徵有：

★ **個性化**：體驗在本質上是個人的，是來自個人的心境與事件的互動。通常在服裝店裡，服飾形象的具體範例是透過人體模特兒來表現的，但是，它所涉及的只會是幾種款式，或幾件服裝的相互搭配，不可能一一介紹具體的方法；而且，它所表現的是一種理想狀態，並不是針對哪一位具體的顧客。顧客對產品穿上身後的感覺，銷售員無法決定。因此，只有讓顧客親身體驗才能明確購買意向。

再者，顧客的身材、膚色等各不相同，同樣的服裝，穿在這位顧客身上適合，但未必適合另一位。而體驗這種個性化的特徵，恰好可以讓顧客看到自己精心挑選的服裝是否合適。

★ **參與**：所謂體驗，一定是一個人在看、在聽、在嗅、在品、在用、在感受。雖然也會有結伴而來的同伴參謀意見或他人的評頭論足，但是，一切都可置之不理，體驗就有說服力。

透過體驗，顧客不只是看看、摸摸，而是在品味。此時，顧客的需求從意識的最底層被牽引出來，開始由隱性需求轉化為顯性需求。

★ **難忘**：通常，人們在最初接觸一個事物時，最容易受到的是感性的影響。特別的色彩、特別的聲音、特別的味道、特別的觸覺或質感等，都很容易獲得關注。但是，要讓某種商品在顧客頭腦中留下深刻印象，只有體驗。當體驗之後，體驗的價值可彌留延續，可以在顧客頭腦中留下無法抹去的印象。

4、親身體驗，讓顧客大吃一驚

有一位老年女性身材修長，她對旗袍十分鍾愛，只是因為當時的年代無法實現自己的心願。當她看到張曼玉在《花樣年華》中那些美不勝收的旗袍時，馬上萌發一個不可遏制的念頭：把旗袍的味道穿出來。於是，她來到專門經營旗袍的某品牌服裝店，選中了自己滿意的旗袍。當她聽說這家公司要舉行旗袍秀晚會時，毫不猶豫地報了名。

在晚會開始前，她忐忑不安地對女兒說：「我活了大半輩子，還沒有上這麼大的舞臺過呢！要是走不好怎麼辦啊？」女兒拉著媽媽的手說：「媽，您放心，我相信您一定能表現好，您看看您今天晚上多漂亮啊！」

這個時候傳來舞臺上主持人的聲音：「下一位將要上場的是某某女士。她將展現旗袍的夕陽紅風采。」隨著音樂響起，這位母親緩緩地走向舞臺，燈光灑在晚禮服上顯得光彩照人，她立刻成為眾人的焦點，臺下的觀眾都報以熱烈的掌聲。

當她走下舞臺的那一刻，她女兒衝過去，二人緊緊地擁抱在一起。「媽，想不到您穿上旗袍這麼漂亮！」母親的臉上洋溢著幸福的笑容。

這位母親簡直不敢相信，一件旗袍不但圓了自己的心願，也讓自己的形象大為改觀。

如果在平時，穿那些寬鬆樸素的服裝，人們最多把她看成是居家照顧員。正是這種情感化的體驗讓這位母親堅定地喜歡上該品牌的產品，從而成為該品牌忠實的顧客。

體驗，只有體驗才能刺激人們深層的心理感受，喚起他們久違的渴望。當體驗者將刺激與自我、他人、社會文化連結起來，從而體驗到被社會尊重和實現自我價值的高級情感，他們會激動、興奮，直到達到忘我的最佳狀態。而且，這種印象會持續保留，這就是體驗給人留下的深刻印象。

在體驗的過程中，顧客可以親自感知產品的使用價值、服務價值和形象價值，透過對服裝的親身體驗，來確認產品的功能，並且實現這種功能與自己需求的對接。因此，服裝銷售員應該盡可能找機會讓顧客切身體驗你的產品與服務，讓他們自己去感受服裝的優劣。

可是，也有這種情況：很多顧客在店裡拿著衣服放在身前，站在鏡子前比劃，就是不進試衣間進行試穿（體驗）。這時，怎麼辦？銷售員可以一邊介紹，一邊伸出右手，做出請的姿勢，伸手把試衣間門打開（或把簾子拉開），「小姐，這裡請試穿！」

當顧客試穿時，銷售員要注意做到：

主動為顧客解開試穿服飾的扣子、拉鏈、鞋帶等；引導顧客到試衣間外靜候；顧客走出試衣間時，為其整理。

評價試穿效果要誠懇，可略帶誇張之辭、讚美之辭。當顧客看到服裝體驗令自己形象大變，會給他們帶來意想不到的欣喜和快樂。

體驗，不僅是對顧客眼光的肯定，也是對自己產品的肯定。如果能調動顧客的全身感覺去體會服裝的效用，讓他們在體驗中領略到不一樣的享受，就會激發他們沉埋在潛意識層面的需求欲望，也會幫服裝平添一分魅力。

5 給顧客豐富的聯想空間

按照顧客的購買過程推斷，一般顧客在經過興趣階段之後，會自然過渡到對商品的聯想階段，想像該商品會如何方便他們的日常生活，或給自己帶來怎樣的改變。我們都有這樣的感受，穿上某明星代言或喜歡的服裝，就感覺自己也當了明星一樣，這就是聯想的功能。

5、給顧客豐富的聯想空間

某次，有個化妝品銷售員在向客戶介紹一種洗髮精的效果時，他繪聲繪影地告訴客戶：一個頭髮乾燥枯黃的女孩，在使用了該洗髮精後的1個月內，是怎麼開始變得烏黑亮麗的。

本來客戶只是隨便聽聽，但是，不知不覺中被對方唯妙唯肖的說明給擊中了。她彷彿看見自己的頭髮烏黑亮麗，人也煥然一新。聽著聽著自己都覺得心動不已——「我也要一瓶。」這就是語言藝術的魅力。

服裝銷售員也可以透過有聲有色的描述，使顧客在腦海中想像自己穿上服裝的情景。

一般來說，女性相比男性而言，更容易引發聯想，所以在向女性推薦的過程中，應該給予一定的獨立時間，或者積極的引發她們的聯想。一旦她們聯想某件衣服穿在自己的身上，馬上會產生興奮的感覺。

比如：「明天我穿這條裙子去公司，同事一定會對我大加讚賞，太棒了，我非試試不可！」美好的聯想之後，就會產生有占有的欲望。因此，要創造時間給顧客充分的聯想空間，在顧客對我們某款衣服產生興趣時，給他們充分展示、觸摸的機會，這些都是促使他們聯想得更好、更多的最佳手段！

給顧客聯想的空間就在於縮小客戶的選擇範圍，使他們在感性的誘導下，迅速做出最終的選擇。聯想過後，顧客有可能會由喜歡，而產生一種將這種商品據為已有的欲望。一旦顧客透過聯想，將服裝和自己的生活結合在一起，就會決定他們是否進一步行動。因此，銷售員要注意利用色彩等，巧妙陳列布局，給顧客不同豐富的聯想空間。

比如，人們可以從黃綠色聯想到嫩草，從粉紅色聯想到桃花、杏花等，因此，在春季，可用柔和明媚的色彩表現人們從嚴冬走進春天的喜悅。夏天，人們容易從藍色聯想天空與海洋，從深綠聯想到茂盛的青草，

因此，用深綠和深藍這種冷色調可以讓人們有從炎炎夏日中解脫的感覺。另外，五彩繽紛的色彩也是夏天的象徵，因此夏天宜用豐富的色彩表達。而冬天，人們從白色聯想到純潔的雪景等，因此，羽絨衣很多都是白色的；當然，也可以用紅色讓人們忘卻寒冷。因此，僅是這些色彩的運用，就會讓顧客產生一年四季中各種不同的聯想。

當然，使顧客產生聯想的空間不僅是為了給顧客創造美的享受，也是為了更容易推銷服裝。

■ 品牌聯想

在介紹服裝的品牌和效能方面，可以舉一些同品牌下，在其他領域知名度較高的產品，往往容易使顧客產生品牌聯想，從而拉動同一品牌下服裝的銷售。比如，你可以問顧客：

「除了這個品牌的西裝外，您聽說過這個牌子的休閒服嗎？」就可以觸發顧客的聯想。

■ 功能聯想

有時顧客對服裝的技術很難理解，需要我們用通俗易懂的語言來向他們解釋和說明，但是往往又很難找到合適的說詞，這時可以用一種類比的方法來讓顧客明白。

例如：一位想買鞋的學生，不知自己應該選擇什麼款式的鞋子。他看好了硬底鞋，但是又擔心鞋底不舒服。此時，銷售員引導說：「穿硬底鞋走路會缺乏保護，穿軟底鞋行走保健兩不誤。特別是在操場上，可以健步如飛啊！」形象的比喻不但使顧客明白了兩種鞋的不同性能和用途，而且讓顧客想到了自己在運動場上的風采，毅然決定購買軟底鞋。

相關聯想

本來，有些服裝與其他服裝之間在用途上有關聯，比如，外衣和內衣之間等。顧客在買服裝時，可能一時沒有想到這類相關的服裝，此時，銷售員在與顧客成交某種服裝後，要不失時機地向顧客推薦相關的服裝，提醒顧客注意。

要激發顧客的想像力，服裝銷售員可以運用這些句子作為開頭語：

您有沒有感覺到……

您可以想像一下……

假如，……

「您想想，您的女朋友見到您買了一件漂亮的裙子當她生日禮物，那會多高興啊！」

「您是要出席公司的年終尾牙呀？真羨慕！穿上這款小禮服，您一定會成為全場的焦點。」

「您穿上這件連身裙簡直太漂亮了。您有沒有覺得聚光燈都在您身上呢？」

以上這些說法也有利於喚起顧客的聯想力。

銷售員要明白，顧客買你的服裝，實際上有兩種需求，一是產品需求，二是心理需求。如果服裝沒有外延，它的價值就是使用價值。可是，如果能夠透過聯想豐富產品的外延，那麼，顧客的感受就會大大豐富。因此，服裝介紹不但要讓顧客了解服裝，還要讓他們產生相關的聯想力，如果服裝銷售員能喚起顧客的想像力，使其聯想到擁有這件服裝的美好情景，銷售就成功了一半。

6 掌握不同的激發技巧

顧客形形色色，個性、購買力都不同，有時候，單純運用某一種方式，不會達到很好的效果。有時，在這個顧客身上見效的方式，未必在另一個顧客身上就能成功。因此，要讓顧客產生購買的欲望，銷售員需要掌握很多技巧。

一般說來，這些推銷技巧包括：

■ 講故事

我們都知道，一個精彩的故事能給顧客留下深刻的印象。 因此，透過故事來介紹商品，是說服顧客的最好方法之一。

當然，故事可以是服裝本身產生的，比如：產品研發的細節、生產過程對產品品質關注的事件；也可以是產品帶給顧客的滿意度；還可以是創業者的自身經歷等。顧客一旦對服裝店和創始人產生好感，也可以激發自己的購買決心。

■ 引用例證

有時，即使服裝銷售員說得天花亂墜，就算拍著胸脯擔保，顧客心裡總還會有所疑慮。此時，引用例證，相比你的一面之詞，證據絕對更有說服力。

運用第 3 方作為例證，可以使顧客獲得間接的使用經驗，從而引起相應的心理效應，快速認可產品，刺激購買欲望。如果能運用名人和專家，或周圍鄰居等來充當第 3 方的角色，則說服力更強。

例如，當顧客對服裝銷售員的觀點或說法有所懷疑時，你可以告訴顧客：

「上個月知名主持人 XXX 剛買了一套……。」

「前幾天有個顧客買了一件，後來又帶著她的同學來買好幾件……。」

榜樣的力量是無窮的。當人們覺得某個人有威望時，就會相信他所做的決定、所買的商品。因此，如果服裝銷售員所引用的例證是那些影響力較大的人物或事件，顧客的信任度就會更高。

許多中外著名的服裝企業，之所以不惜花費重金聘請明星當形象代言人，就是因為看到「名人效應」給企業行銷帶來的種種好處。

必須注意，服裝銷售員所引用的名人例證必須是真人真事，而不能信口開河、胡亂編造。否則，一旦被顧客發現，會給顧客造成更壞的印象，從此再也不會信任你。

■ 比較

顧客之所以不能馬上購買的理由通常是：你們的服裝價格比其他店家高，如果價格能和他們一樣，我就會買。這就是顧客在比來比去。這種現象很普遍。

如何說服顧客呢？可以用顧客熟悉的東西與你銷售的產品進行類比，來說明產品的優點。

一家文具公司的銷售員去拜訪客戶，他進門之後什麼話也沒說，只是在會計面前的桌子上鋪了一張紙，然後從包中拿出一瓶墨水倒在紙上。頓時，白紙上墨跡斑斑，而且，不只是黑色，還有一些藍色、紅色等夾雜其中。會計很不理解，大吼起來：「你在幹什麼？」

銷售員卻不慌不忙：「經理先生，這是貴廠現在使用的墨水。」說完，他又從包裡拿出了另一瓶墨水，同樣也倒在紙上，這次卻只是純黑色，即

便在太陽光下也是如此。「這是我們工廠生產的墨水。即便貴公司用 5 年以上，顏色都不會變。」

會計十分驚訝，透過仔細的比較，他發現，這位銷售員的產品比他們原來用的墨水優質很多，他最後告訴經理，給了這位銷售員一張訂單。

常言道，人比人氣死人，產品也一樣，一比就有了高下優劣之分，客戶當然會明白什麼產品好，什麼東西差，他們自然就會做出正確的選擇。任何產品有比較才顯優劣，才易於選擇，銷售員如果想使產品更快被接受，對比同類產品是行之有效的一個方法。

當然，這也就對銷售員提出了更高的要求 —— 不僅要做銷售產品的專家，還要通曉同類產品的特點。只有這樣，才能在銷售中做到有理、有據，使人信服。

■ 口碑效應

口碑是透過現有顧客在各自群體中口耳相傳使用產品的體驗，激發顧客購買欲。

在一項關於消費者購買動機的調查結果發現，消費者大都是因為產品的品質好而購買，而如何確定產品的品質好，消費者認為是受到親戚、朋友、同事的影響，是因為他們認為產品品質好，才決定購買的。資料顯示，「聽人說過」的口碑對消費行為的影響達到 80%左右。

口碑就是消費體驗的人際傳播。因此，銷售員可以透過口碑讓顧客告訴顧客，燃起顧客心中的購買欲望。需要注意的是，在運用口碑效應時要注意靈活機動。

有位銷售人員在市場上推銷滅蚊劑，他滔滔不絕的演講吸引了一大堆顧客。突然有人向他提出問題：「你敢保證這種滅蚊劑能把所有的蚊子都殺死嗎？」圍觀群眾都停下來，等著銷售人員的回答。

銷售人員靈機一動，幽默地回答道：「不敢，在你沒用藥的地方，蚊子照樣活得很好。」這句玩笑話使人們愉快地接受了他，幾大箱子滅蚊劑很快就銷售一空。

有些顧客就是典型的叛逆人物，人們說的越好，他越不買，並且還會「挑剔」。遇到這種情況，把話說得委婉、詼諧一些，可能比直截了當地說，效果更好。

像上面那個案例，顧客限定式問題的答案是很難回答的。如果你說能保證，顧客會懷疑你是不是在吹牛；你說不敢，顧客當然就對你的產品產生懷疑，會讓你的銷售陷入僵局，這時幽默就是最好的化解方法。

服裝銷售也是一樣，在說服顧客的過程中，可以適當地添加一些幽默的成分，尤其是當遇到難以回答的問題時，機智幽默的語言可以顯示出你的聰明智慧，有助於化險為夷，並給人良好的印象。

■ 形象感召

形象感召是透過名人、偉人等形象，衝擊顧客的情感，來引導、強化顧客透過某種消費展示自我的願望。

今天，消費者在選購服裝時，越來越注重透過服裝展現不同的自我與情感。他們想把現實的自我，改變成理想的自我，這種自我觀念是影響人們消費行為的強大力量。正是基於此，形象感召力在激發顧客購買欲中發揮著越來越重要的作用。

由於大多數顧客在購買中都存在許多不確定因素，因此，要激發顧客的購買欲望，銷售員既要心態積極，又要掌握一些銷售技巧，不失時機地加以引導，才能將一些顧客潛在的成交變為現實的成交。

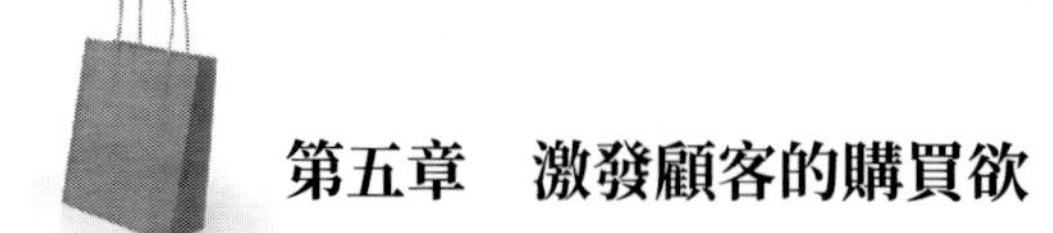

7 讓顧客感受到切身利益

許多銷售員常常不明白，我們的服裝是名牌，款式新穎，品質優良，可是為什麼卻無法贏得客人的光顧，甚至成交呢？

實際上，大部分購買行為的發生，並不只是因為產品的價格或產品的品質。比如，我們都知道純棉服裝舒服、乾爽，名牌服裝知名度高，但未必人們都會去購買。再如，人人都知道過季打折的服裝便宜，但人們買衣服未必都會等到過季時才去買。因此，可以說，服裝的價格或品質並不是吸引顧客的唯一要素，人們之所以購買服裝是因為服裝能給自己帶來一定的利益或好處。

本來，人類的本性就是「無利而不往」，有利益才會產生需求，有需求才會發生購買。因此，要激發顧客的購買欲望，銷售員一定要記住：我們賣的不是服裝，而是服裝帶給顧客的利益。只有抓住顧客追求利益的心理，把服裝能帶給顧客的利益和好處明明白白地告訴他們，才能激發起顧客的購買欲望。

■ 主動尋找服裝本身的優點

當然，要告訴顧客自己所推銷的服裝能夠給顧客帶來什麼利益、實惠、好處，就需要尋找服裝本身的優點，把服裝的功能與顧客的需求和利益相結合。銷售員只有透過尋找服裝本身的優點，讓顧客感覺到「對我有用」、「對我有價值」，才能吸引他們的注意。

要做到這點並不容易。不成功的銷售員總是從服裝中尋找缺點來安慰自己，以商品的缺點允許自己不斷的失敗。而優秀的銷售員會主動尋找服裝的優點，以此與顧客產生互動，從而將服裝銷售出去。

比如，一般銷售員面對低等級層次的服裝總是會抱怨：「這樣的服裝太俗氣了，怎麼賣出去呢？」優秀的銷售員可能會這樣告訴顧客：「這位太太您真有眼光，這樣物美價廉的服裝現在選購最划算了。」

銷售員一定要明白，進入門市中的每位顧客，都存在銷售成交的可能。據統計，每位消費者都有消費潛能，而且正常的消費潛能可以被開發達到超過 50%。如果顧客準備購買 4,000 元的商品，當他的消費潛能被完全激發出來後，顧客最後可能下達 6,000 元的訂單。因此，銷售員要以積極的心態抓住機會，刺激顧客的消費潛能。

每一款服裝儘管品質、質料、款式、知名度不同，但都有自身獨特的賣點，因此，銷售員要主動挖掘服裝本身的這些價值，和顧客的需求相連結。

當然，一件服裝所包含的利益是多方面的，比如：實用性、舒適性、簡便性、流行性、美觀性、經濟性等，有可以衡量的，也有不可衡量的。「與其對一個產品的全部特點進行冗長的討論，不如把介紹的目標集中到顧客最關心的問題上」。因此，銷售員在介紹利益時不用面面俱到，而應抓住顧客最感興趣、最關心之處重點介紹。要把服裝的功能，以及在設計、性能、品質、價格中最能激發顧客購買欲望的部分，用簡短的話直截了當地表達出來。

■ 挖掘深層賣點

「這些款式流行、時尚，你穿上去令人羨慕」、「可以改善他們的形象」、或是「物美價廉」等。不論哪種說法，都證明了服裝對顧客有一定的利益和好處。

當然，銷售員倘若只是把服裝本身的功能告訴顧客，這僅是銷售價值

中最基本的。顧客需求的滿足大多不是服裝的表面現象所能提供，而是服裝深層的東西，也就是概念、文化、情感、地位、尊重、價值實現等。就像「皮爾·卡登」帶給人們的是一種地位和身分的象徵一樣，人們購買服裝也是在購買一種大眾的認同感。因此，銷售員一定要把服裝本身獨特的價值和內涵告訴顧客。當然，這種宣傳不是誇大其詞，否則就會失去顧客的信任感或導致推銷本身沒有實際效益。

■ 讓顧客感到值得

有些服裝的價格確實比較高，對於一般薪資階層來說，雖然想買，但是花出去的錢確實也會心疼。這時，你不妨運用分攤法為顧客算一筆帳。

「分攤法」，即指照商品的使用時間或次數進行分攤，這樣計算出來的單位價格就會是一個很小的數字，從而使顧客覺得價錢更為合理。

顧客：「這件服裝的價格的確太貴了，我如果買普通等級的，可以買好幾件啊！」

銷售員：「您說得沒錯。但是您想一想，可以提高您的形象和等級的服裝，至少可以穿 5、6 年。我們就以 5 年來算，您一年只要花 2,000 元，每天只要 5 塊多，就可以擁有一套 XXX 品牌的西裝了。這 5 塊多您從哪裡都可以節省出來啊！可是，如果您買的西裝穿不到一年就再也無法穿了，不是才浪費嗎？」

把價格較高的服裝分攤到具體的每一天中，顧客就會感覺不到價格的壓力了。

比較標準的介紹方式是：

「由於這項……（產品功能），你就可以……（產品利益），也就是說你……（好處）。」

如：「李大姐，您是否發現這種服裝可以穿個一年半載，您可以在一年中節省買其他衣服的錢啊？」

這種方法迎合了大多數顧客的求利心態，因此，要抓住這一要害問題予以點明，突出服裝優勢，而且，描述得越明顯，越具體，顧客就越有可能選擇該產品。當利益能滿足他們的獨特需求時，他們多半會同意購買產品或接受你的提議。

■ 讓顧客感覺有賺到

要激發顧客的購買欲望，不僅要讓顧客感受到自己所得的利益是實實在在的，而且還可以讓他們感受到物超所值。

某著名桶裝水推銷員，在水市場競爭十分激烈的情況下，戰績出奇地好，他運用什麼方法呢？就是讓顧客感受到物超所值。

某次，他到一家小吃店開發客戶。他發現客戶一次買 2 桶不成問題。可是，他告訴客戶：「您一次拿 10 桶吧！」

客戶不明白為什麼：「我沒有要這麼多啊？」

推銷員解釋說：「我們公司規定，一次訂貨超過 10 桶可以贈送一桶。您要是一次買 10 桶，就可以得到 11 桶，那麼，每桶的價格就從 60 元降到 54.5 元，又省掉進貨的麻煩，而且桶裝水又不會壞。多划算啊！」

客戶一算，買 10 桶水，就可以省 60 元，確實划算，因此，接受了這位推銷員的建議。

賣服裝也是一樣，許多顧客關心的就是一分一毫的利潤，因此，銷售員要把能給顧客帶來的利益放在第一位。顧客購買服裝能獲得什麼利益，甚至可以具體地計算出產品帶給顧客的利益是多少。如果你能確實讓顧客感受到物超所值，他們肯定會激發起購買欲望。

如果顧客在購買服裝時感覺自己賺到了，那肯定可以激發他們的購買欲望。因此，妙用贈品就可以滿足顧客這種心態。儘管贈品的價格不高，但是顧客並不願意直接花錢購買相應的贈品，因此，如果能夠不花錢而獲得贈品，不就是多賺了嗎？為什麼不買？

■ 讓顧客感覺少花錢

與多賺的心態相對應，少花也是每一位顧客都希望的。因此，利用促銷、打折、會員卡、免費維修等都可以滿足顧客少花錢的心理，從而刺激其購買的欲望。

■ 讓顧客感受到尊貴

優先權、金卡、會員卡等都是榮譽與尊貴的象徵，擁有一張卡，或擁有優先權，代表身分與眾不同，尤其當其與榮譽、尊貴相連結時，可以刺激顧客的購買欲。

另外，除了服裝本身可以帶給顧客的利益外，還可以介紹企業的品牌、知名度，以及售後服務等所能給顧客帶來的實惠。還可以把競爭對手不具有的利益告訴顧客，這也是吸引顧客的方法。

總之，商業社會的人一切以利益為出發點，顧客購買商品的目的是想透過商品的使用價值獲得某種利益，而銷售員的銷售更是直接以盈利為目的的。因此，顧客、銷售員，以及商家之間的利益還是互為一體的。只有銷售員考慮到顧客的利益，顧客才會考慮你的利益。

第六章
推顧客成交

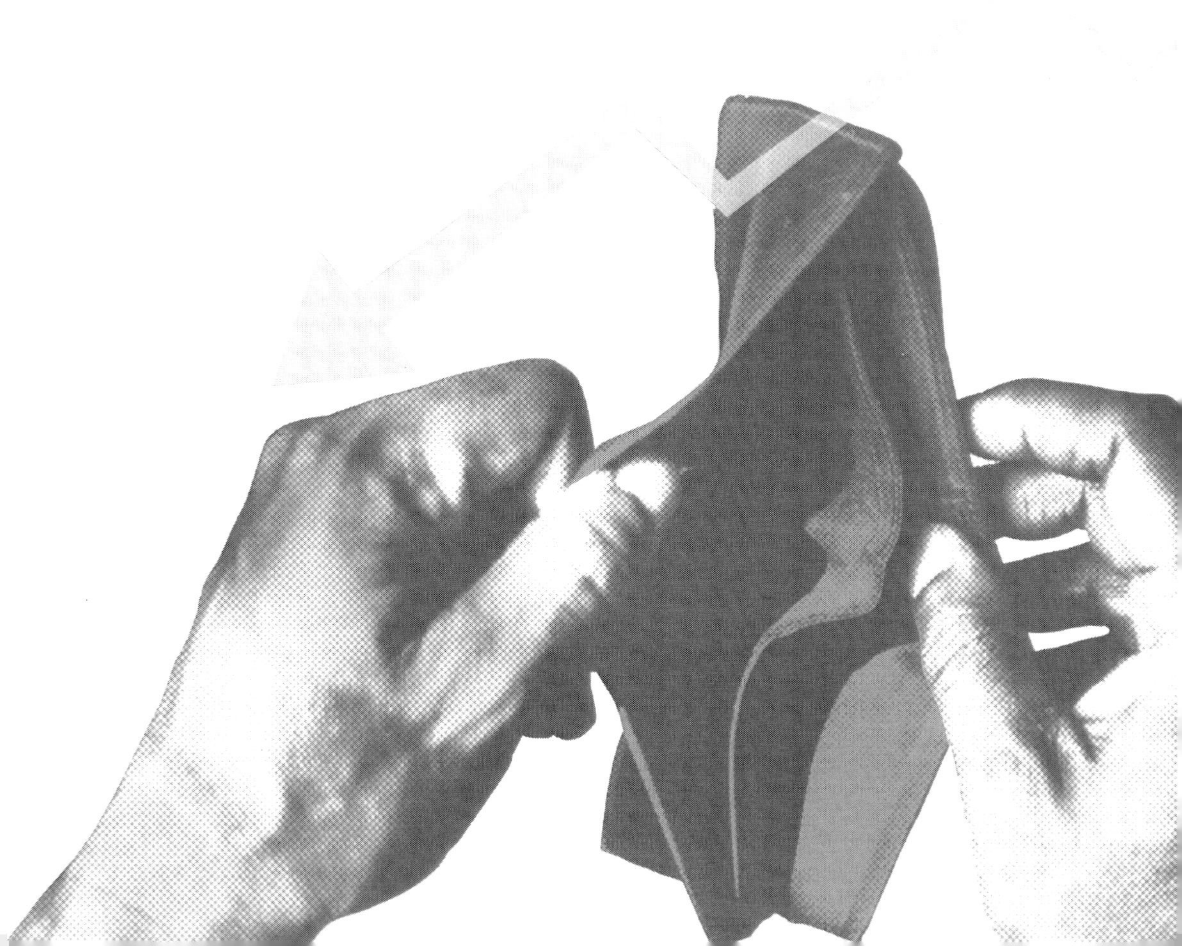

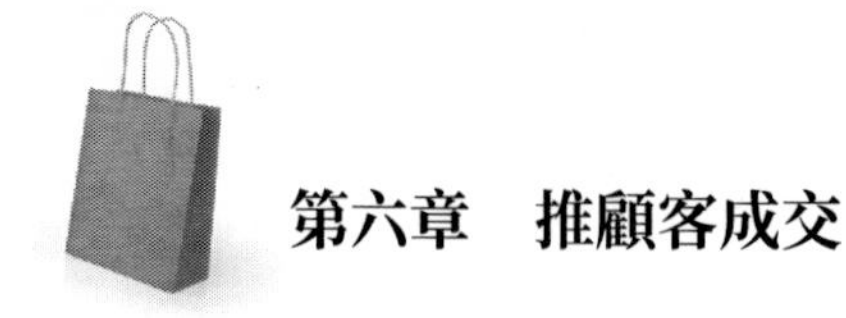

在顧客有購買欲望後，能否成交的行動最關鍵。

雖然每個銷售員都期望能與顧客順利成交，但是，顧客卻不這樣想，畢竟，交易是要付出金錢的。對於自己辛苦賺來的每一分錢，人們都要讓它花到適合的地方，而且還要物超所值，因此，難免會反覆掂量。

那麼，怎樣才能讓自己前面的推銷工作不會付諸東流，讓顧客順利成交呢？

在適當的時機，用適當的行為，推顧客一把。

1 堅持促成交易的原則

服裝銷售的目的是成交。只有讓顧客做出明確的購買決定，這樣的銷售才是有效益的。因此，是否成功地運用推銷技巧，解除顧客的最後猶豫和顧慮，是考驗銷售員的關鍵時刻。

要與顧客順利達成交易，讓他們主動掏出錢，就要遵守以下 7 項原則。

■ 主動提出成交要求

許多銷售員存在普遍的問題就是，向顧客介紹服裝很有一套，可是卻不能把握時機向顧客提出成交的要求。因而，許多銷售機會也就因銷售員沒有開口請求成交而喪失。這就好像在戰場上瞄準了目標，卻沒有扣動扳機一樣。

據調查，有 71%的銷售員未能適時地提出成交要求。

顧客之所以沒有馬上採取成交的行動，也許是因他有充裕的時間閒逛；也許是他還想到其他店貨比三家；也許是在猶豫是否應該購買，因為他並非急需；也許是在等朋友前來幫他出主意。總之，不論什麼原因，推銷是要講效益的。因此，當你發現顧客有購買欲望後，就應該主動向他們提出成交要求。

■ 自信

銷售人員向顧客提出成交要求時，一定要充滿自信。在這方面，特別是新的銷售員和性格內向靦腆的銷售員更應該注意克服自己的心理障礙。

你不妨換個角度想：推顧客成交下單是為了完成自己的行銷目標，也是為了幫助顧客節省時間，是在為顧客負責，就沒有什麼好猶豫的。

你要知道，自信是具有感染力的。當你大膽、充滿自信地向客戶提出成交要求時，就能感染對方。也許對方和你一樣靦腆而內向，你的行動反而促使了他們果斷出手，下定決心購買。

■ 耐心

雖然成交講究出手快速，但是，即便銷售員再心急，也要有耐心，更不能像下最後通牒般地催促顧客。

時常有些天生急性子的銷售員，面對遲遲不能做決定的客戶，往往會提出一些問題：

「您還不能很快做出決定嗎？」

「您到底買還是不買？」

「哎呀！我的天哪！您一個大男人怎麼也這麼囉嗦呀？」

不論你是用質問的口氣說出來，還是委婉甚至埋怨地說出，毫無疑問，這肯定不是聰明的方法。顧客聽了也許會很快下決定，那就是毫不猶豫地拒絕。因為這些話聽起來彷彿顧客欠你什麼似的，讓人感覺你已經不

耐煩了。如此，顧客自然感到反感，進而產生抵抗心理，甚至，連他本來的購買意願也隨風而逝了。

■ 不能質問顧客

即便是顧客馬上要付款時，又突然反悔，你也萬萬不可當面質問：

「你為什麼不買？」

「你憑什麼說這個產品不好？」

如果問題一個接一個，顧客就會有被盤問的感覺，這會傷害他們的自尊和感情。同時也暴露了銷售員的素養太差，不尊重顧客，對自己和店鋪的形象也會造成損害。

顧客買你的產品，說明他有需求，有消費能力；他不買你的產品，他也自有一番道理。因此，在將要成交的關鍵階段，更要贏得顧客的青睞與讚賞，千萬不要向客戶施加任何壓力、發布最後通牒或連珠炮式的集中射擊。

■ 堅持

事實上，提出一次成交要求就能成功的可能性很低，因此，在即將成交的階段，遭到顧客拒絕是常有的事情。此時，銷售員千萬不要放棄。

要意識到，顧客的「不」只是一份「挑戰書」，而不是最終的「判決書」。因此，銷售員可以透過反覆的努力來促成最後的交易，要有技巧地再次引導顧客成交。

最無法堅持的時候就像黎明前的黑夜，雖然難熬，但是曙光將現，因此，你一定要告訴自己，不論面對顧客怎樣的責難和懷疑，千萬不能放棄。

有位做了 4 年的保險推銷顧問，經常面對「保險是欺騙，你是騙子」的責難。他怎麼辦呢？退縮嗎？顯然不行。

他問客戶：「您認為我是騙子嗎？」

對方答：「當然。誰不知道你們總是說了不算，騙一個算一個？」

推銷員說：「我也經常疑惑，尤其在像您這樣的人指責我的時候，有時真不想做了，可就是一直下不了決心。」

對方說：「不想做就別做，怎麼還下不了決心？」

他說：「因為我在 4 年時間裡已經與 500 多個投保戶結交成好朋友，他們一聽說我不想繼續做下去了，都不同意。尤其是 13 位理賠的客戶，聽說我動搖了，還打電話不讓我走。」

對方驚訝地問：「真的嗎？」

他說：「是的，每當我想到這麼多年和他們結下的深厚感情，說真的，就憑這點，我也下不了決心啊……」。

就這樣，這位推銷員憑著自己的絕不放棄，當場改變了對立者的觀點，做成一筆業務。

■ 不要提「錢」字

雖然，快速成交是每位銷售員都渴望的，但是銷售員要明白一點，自己給顧客提供的是服務，顧客和銷售員成交就是對門市銷售員服務的最終滿意，因此，千萬不要提「錢」字。可以這樣問顧客：「您對這款服裝滿意嗎？如果滿意我就為您包裝。」

■ 不要提「買」字

銷售員提供給顧客的是真誠的服務，而不僅僅是買賣。服裝銷售是為顧客提供讓他樂意接受的最優產品方案。選擇權在顧客手中，因此，你可以提醒顧客：「您決定選擇這款服裝了嗎？」而不要問顧客「買不買？」，

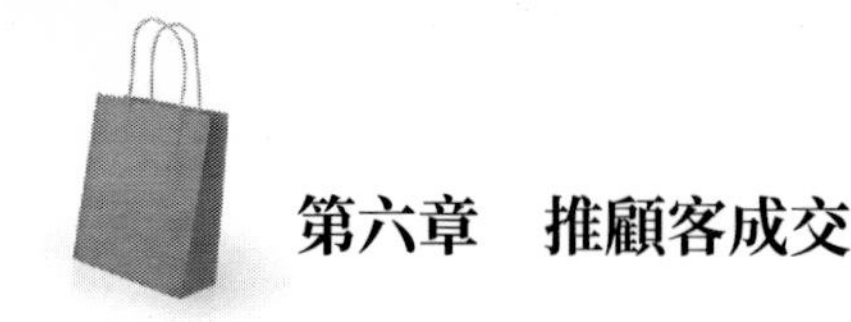

那樣就把推銷員和顧客看成了簡單的交易關係。

總之，推客戶成交也是一門藝術，需要銷售員在平時的工作中虛心學習，注意工作的方法，不斷鍛鍊提高自己。

服裝銷售追求的不是單贏，而是推銷員、店鋪和客戶、甚至他家人朋友雙贏，乃至多贏的結果。這樣的銷售多麼光榮，因此，何不理直氣壯地推顧客一把呢？

2 善於捕捉顧客的購買訊號

有利的成交機會，往往是稍縱即逝的。雖然短暫，但並非無跡可尋。顧客有了購買欲望，往往會有意無意地流露出一定的購買訊號。這些購買意向可能會產生在交易的任何階段。

有時這種訊號可能是下意識發出的。因為許多顧客即便有購買欲望，也不願意承認自己已經被銷售員說服，畢竟，銷售員和顧客的立場不一致。但是，他們的語言或行為會告訴你，他們對你的服務比較滿意，對服裝也比較認可。因此，銷售員要時刻注意觀察顧客，及時捕捉他們發出的各類購買訊號。及時抓住機會，敦促成交。

購買訊號的表現形式是複雜多樣的，一般可把它分為表情訊號、語言訊號和行為訊號。

■ 表情訊號

表情訊號即顧客透過臉部表情表現出來的成交訊號。

一個人的心理狀態可以從他的臉部表情表現出來，臉部表情在傳情達意方面有重要的作用。

2、善於捕捉顧客的購買訊號

一般來說，顧客的臉部表情從冷漠、懷疑、深沉變為自然大方、隨和、親切；眼睛轉動由慢變快、眼神發亮而有神采，從若有所思轉向明朗輕鬆；嘴脣開始抿緊，似乎在品味、權衡什麼。這些表情都說明你的言辭已經打動了顧客，他正在做最後的權衡。

某位心理學家在分析銷售行為的文章中說：「假如顧客的眼睛朝一邊看，臉轉向一邊，表示你被拒絕了；假如他的嘴脣放鬆，笑容自然，下顎向前，則可能會考慮你的提議；假如他對你的眼睛注視幾秒鐘，嘴角以至鼻翼部位都顯出微笑，笑得很輕鬆，而且很熱情，這項買賣就達成了。」

這種表情訊號通常比較微妙，但也反映了顧客的心情與感受。因此，銷售員要善於觀察，及時抓住這些稍縱即逝的訊號。

如果顧客在成交前出現了以下表情訊號，就是成交的表現。

★ **點頭、微笑、眼神發亮**：這表示顧客較滿意。外向型顧客一般會不由自主地流露出來。當你提及使用這項商品可以獲得的可觀利益，或可以節省大額金錢時，客戶的眼睛若隨之一亮，就代表客戶認同，此時正顯露出他的購買訊號。

★ **面露興奮的神情**：好奇心強的顧客或小顧客，看見自己鍾情的服裝，往往會有這種表情。

★ **盯著商品思考**：客戶眼神專注是表示他對產品的渴望。內向型顧客即便同意購買也不會像外向型那般喜怒形於色，他們不肯在別人面前輕易流露自己的情感，而是做深沉狀，好像買服裝是親臨戰場指揮一般。

★ **顧客緊縮的雙眉分開，眼角舒展**：這表示經過一番思考後，冷靜的顧客終於認可銷售員了，也說服了自己。

★ **顧客身體微向前傾**：這就是顧客迫不及待的表現，是成交的大好時機。

★ **表現出感興趣的樣子**：這些表情訊號表示客戶對產品沒有太大的異議，但不表示客戶一定會購買。客戶的這種表現可以分為 2 種情況：1 是客戶對產品沒有異議，準備購買，如果有技巧的催促，可以衝動之下馬上成交；否則，就是 3 分鐘熱度，馬上改變主意。

另一種情況是客戶只是在微笑應付，這種情況下客戶通常不會問及價格，他們的目的在於拒絕成交。

總之，表情購買訊號能夠表現客戶的心情與感受，但其表現形式更微妙、更具有迷惑性，因此，需要認真鑑別，具體對待。

■ 語言訊號

語言訊號是顧客在言語中所流露出來的意向。如果顧客在試穿後會問銷售員諸如價格、售後服務之類的問題，那麼，就證明顧客有買的傾向了。

比如，顧客問你：

「這個款式的服裝，價格能不能再低一點？」

「如果 1 個月內出現品質問題怎麼辦？」

「洗滌時應該注意什麼？」

「現在購買有贈品嗎？」

「可以退貨嗎？」

「可以刷卡支付嗎？」

「有沒有什麼優惠或折價可以享受？」

從顧客的這些語言中可以看出，他確實有購買的打算，否則才不會關心售後等問題。因此，銷售員只要積極回答，打消他們的疑慮，成交的可能性就會很大。

比如：你正在示範產品給客戶看，客戶突然發問：

「這種產品的售價是多少？」

顧客主動詢問價格，就是一個非常明顯的購買訊號，因此，銷售員要及時把握機會。

此時，銷售員可能會有 3 種回答：

1 是直接告訴對方具體的價格；2 是反問客戶：「您真的想要買嗎？」；3 是向客戶提出：「您需要多少？」

如果你直接告訴對方價格，客戶的反應很可能是：「讓我再考慮考慮！」如果你反問「你真的想要買嗎？」就有「不買別搗亂」的嫌疑，無疑打消了客戶購買的念頭。詢問客戶需要多少，在不知不覺中一筆帶過「買與不買」的問題，直接進入具體的成交磋商階段。利用這種巧妙的詢問方式，使客戶無論怎麼回答都表明他已決定購買。

識別語言訊號需要鍛鍊自己的判斷力和機敏的反應能力，否則只是辨識出客戶的購買意向，而沒有及時抓住，也無法產生成交的目的。

■ 行為訊號

動作是思想的延伸。人們常說「手之舞之，足之蹈之。」人們的心情總會透過一些動作表達出來。

行為訊號就是指顧客在舉止行為上所表露出來的購買意向。客戶不經意的動作，會反映出他們到底有沒有興趣，不論是個性特別內向者還是外向者。只不過他們表現的程度和形式不同而已。

內向者可能會：

- ★ 不斷用手觸摸商品；
- ★ 重新回來觀看同樣一種商品；
- ★ 不再發問，若有所思；
- ★ 同時索取幾個相同商品來比較、挑選；
- ★ 態度友好起來；
- ★ 突然嘆氣；
- ★ 做出身體自然放鬆的姿勢。

外向者可能會：

- ★ 不停地把玩、愛不釋手；
- ★ 翻閱商品說明和有關資料，並大聲唸出來；
- ★ 身體前傾或後仰，動作十分誇張；
- ★ 拍拍銷售員的手臂或肩膀，
- ★ 這些都是顧客有意成交的表現。

當以上任一情形出現時，都是顧客成交前行為訊號的表現。只要銷售員能夠抓住這個機會，並且巧妙地催促他們，就可以達成成交的目的。

例如，某位顧客看中了 1 件女款大衣，她情不自禁地將大衣拿下來穿在身上，對著鏡子照來照去，並翻看價格。這就是顧客的行為購買訊號。

此時，銷售員若能抓住機會，讚美顧客幾句，再向她強調 1 個適合、方便的優點，然後輕聲地確認：

「這個可以嗎？」

「我可以幫您包起來？」

一旦顧客已明確展示了意願，接著就是成交、收取貨款和遞交貨品了。

當然，顧客的購買訊號不可能只表現為單純的一種形式，在很多情況下，往往很多種訊號交織在一起出現。一個有經驗的銷售員，可以從客戶的外貌、衣著、氣質、行動、言談舉止等，判斷出這個客戶的購買力。

一般來說，在行為上表現得傲慢、漫不經心的客戶，是真正的大買家；對交易細節過分追求的人，極有可能成為你的長期忠實客戶；而表現出很疲憊或一副愧疚樣子的客戶，他可能並不想接受你的服務，因此還是打住才好。而那些氣質高貴、衣飾考究，但是言辭卻犀利無比的顧客，可能一擲千金，讓你賺到滿滿當當。所以，對這樣的顧客，重點要放在交易過程、價格以及售後服務上。

顧客在決定購買服裝時，有部分人的表情和行為能真實反映他們的心理活動，因而銷售員透過細心觀察，抓住這些購買訊號，並積極主動地採取相應的措施，就可以達到成交的目的。

3 掌握幾種促使成交的方法

購買意向是顧客購買行為最重要的環節，但是，有購買意向並不一定就能導致實際的購買行為。有時，顧客的購買意向會受到他人的態度和意外環境因素的影響。例如，家人或親友的反對、失業或漲價等意外情況等。這種無法預見的因素有時會使顧客修改、推遲或取消其購買決策。

因此，除了觀察顧客的購買訊號，把握好成交的時機外，還要注意一些促使顧客成交的方法及技巧，以便協助顧客縮小服裝選擇的範圍，幫助他們最終確定他喜歡的服裝。

一般來說，促使顧客成交的方法有以下幾種：

■ 建議法

當顧客對一切都了解清楚後，建議購買就顯得非常重要了。特別是一些想購買高貴服裝的客戶，為他們建議的內容包括何種品牌、何種款式、什麼顏色、品質如何、售量如何、以何種方式付款等。在這個階段，銷售員一方面要向顧客提供更詳細的商品資訊，便於顧客掌握和了解；另一方面，應透過服務為顧客提供方便條件，加深其對商品的良好印象。

建議購買要主動，但不要催促，更不能糾纏。

建議購買的常用語句有：

「請問您準備選擇哪個型號的服裝呢？」

「這 2 種款式都非常適合您的身材，建議您不妨選 1 件容易和其他衣服相搭配的顏色。」

如果建議購買對有些顧客來說效果不大，你還可以採用以下的方法。

■ 激將法

激將法，就是銷售員透過一定的語言手段刺激對方，激發對方的某種情感，由此引起對方的情緒波動和心態變化，並使這種波動和變化朝己方所預期的方向發展。

很多顧客在消費過程中，常常因為怕沒面子而做出超出消費底線的行為。這時，銷售員就可以利用消費者這種心理，設法激他，達成買賣。

激將法對以下幾種類型的顧客比較適合。

猶豫不決型

這類客戶，他們對服裝的各方面基本上都滿意，而且購買能力也能達到，但不知什麼原因，總是遲遲不敢下定決心。對於這種人，激將法尤其有效。

你可以對他說：「先生，世界上就是有這種糊塗的人。他們對自己越是感興趣、越是喜歡的東西，就越是不敢勇敢地去追求並爭取擁有它。這種人實在很可悲。先生您是做大事的，一定不會是這種人吧！」經過這樣一激，他一定會轉變自己的態度。

依賴型

這類客戶什麼事情都不敢自己做主，都期盼別人幫他們拿主意。

「先生，不要總是聽從別人的建議，走入社會，就得做獨立自主的人。假如某天你不能依靠父母和朋友，到沒有熟人的國度裡，難道您就不做事了嗎？」

你也可以用激將法這樣說：

「先生，您要一輩子依從於他人，連自己穿什麼衣服都不敢獨立自主嗎？」

這樣一激後，顧客就會為了表示自己是個有獨立見解的人，而馬上買你的商品，這交易也就成了。

恃才傲物型

這類顧客自以為無所不知、無所不曉，對銷售員推薦的服裝往往看不上眼。在他們看來，憑自己的經驗和判斷完全可以搞定。碰到這類客戶，和他們交談時，要在客客氣氣的態度中隱含一種漠不關心的神情，好像你根本不在意他是否會購買一樣。

你可以用以下的話來刺激他：

「尊敬的先生，您大概不知道吧！我們的商品，並不是隨隨便便對任何人都推銷的，這會影響我們的榮譽。」

因為在這類顧客的潛意識中，理應受到他人的尊重和注意。因此，你

越對他們表示冷漠，他們就越想知道為什麼，最終會以購買商品而告終。

運用激將法需要注意的是：「激」的目的是讓顧客擺脫猶豫，採取行動，但絕不是為了完成銷售額故意為顧客設下陷阱。

曾經有位推銷羊毛衣的銷售員遇到某位顧客，他是從鄉村來工作的年輕人。他說：「這種羊毛衣不比一般毛衣厚，價格還這麼貴。」銷售員挖苦那位年輕人說：「現在都流行穿羊毛衣，又薄又暖和，像你穿得這件這麼破舊的厚毛衣，早就沒人在穿了！」這句話大大刺傷了年輕人的自尊心，他發狠買了一件！

可是，年輕人穿上後才發現，這種羊毛衣根本就不暖和。自己在郊區的工地上，冬天寒風吹，哪裡比得上那件手工編織的厚毛衣暖和。可是，自己的薪資已經透支了，也沒有錢再來買厚毛衣了。這位年輕人才知自己上了當，後悔莫及，同時也對那位銷售員深惡痛絕。

以上例子中的這位銷售員雖然運用「激將法」把羊毛衣推銷出去，但他沒有考慮到這種「激將法」的嚴重後果，他的人品也隨著羊毛衣一起出賣了。

所以，「激將法」的使用要看對象，也要掌握火候，且在生意場上不可常用，千萬不可奉為「經典之作」，只有在萬不得已的情況下，才亮出這一招。

■ 自爆底細

有一類顧客總是疑神疑鬼，不是對服裝的品質懷疑，就是懷疑銷售員在騙他。對於這類顧客，要自爆底細。

你可這樣說：「先生，您不相信我的商品，但要信任我。好啦！告訴你實話吧！我這商品是從 XX 公司批發的。批發量不多，到現在已經快完售了。我敢保證，您在別處找不到這麼物美價廉的商品，您還是快點決定吧！」

顧客聽到你把一些祕密告訴他後，會對你產生信任感，你就可趁虛而入。

「先生，您現在不買，是不是有所顧慮。這樣好了，您去外面打聽一下，等會兒我再幫您結帳，怎麼樣？」

這樣一問後，顧客即使有什麼疑慮或有什麼相反意見，一定會告訴你，你幫他解決後，成交可能性就大了。

■ 逾時不候

有種顧客也許是吃太多虧了而產生恐懼心理，總認為貨比三家不吃虧。

對於這類顧客，試著幫他製造玄機，使之束手無策，然後，聽認你擺布。或幫他製造迷霧，使他辨不清東西，這樣促成他說出的話收不回去。這 2 種方法都可以，都能讓顧客下定決心購買你的商品。

你可以這樣說：

「先生，您別去那邊了，那邊沒有這種商品。別錯過時機，我等下就賣完了，等你再過來若賣完了可別後悔。現在您覺得我的商品很合你的意，且價格又適中，去那邊也相差不多。若那邊沒有，不是兩頭空嗎？何苦比來比去錯過時機呢？如何？下個決定吧！」

最後這段話，是對顧客一個很好的反擊，也是對顧客的壓力，這樣就會迫使他買。

■「富蘭克林法」

「富蘭克林法」的核心內容是：將顧客購買商品所能得到的好處，和不購買商品的不利之處，一一列出，用列舉事實的方法增加說服力。

有些顧客確實勤儉持家，哪怕是幾塊錢的東西也會反覆掂量買得是否值得。對於這類顧客，你可以這樣說：

「先生，您覺得我的商品好，您又知道現在的物價是一天比一天高。您現在不買，將來這種好貨就無法用這個價錢買到了。您應當趁此機會把您的錢買成貨物，這樣比存入銀行好太多了。怎麼樣呢？」

如果顧客是看過季的衣服，比如夏天看打折的羽絨服等，顧客常常會說：「這不急，明年再說」。此時，你可以這樣告訴顧客：「先生，我們都希望自己的錢花得值得，現在買就是讓您省錢。如果等到明年的銷售旺季，服裝原料再漲價，這種品質的衣服，這個價格絕對買不到。現在買就是最划算的時間點啊！如果我有多餘的錢，我也會買。」這樣說，就會打動顧客的心。

■ 喜新厭舊法

一般來說，女人對於服裝總有喜新厭舊的心理，常常是剛買新衣服時，對那件衣服愛不釋手，但走在街上，見到櫥窗裡的漂亮衣服，又見異思遷了。其實何止是女人，喜新厭舊是人類共同的心理。人們見到新的、好的商品都有一種喜愛之情，都想據為己有，雖然這種商品也許對自己並無太大用處或現在並不需要。此時，你可以明確告訴顧客，新的比舊的划算，當然不是讓顧客浪費。

你要讓顧客明白，愛惜舊的服裝是正常的，但是老是使用舊的卻不經濟，應適時更換。因為服裝就是一個人形象的展現，也是他是否跟得上時代發展變化的體現。總之，要讓對方明白，捨棄舊服而購買新裝不會「上當」，反而會更為划算。

說服顧客果斷成交既是一種藝術，也是一種技巧。要根據顧客的性格特徵、心理特點對症下藥。不論採用哪種方式，一切都要站在為顧客考慮的角度出發、靈活運用，而不是把以上這些方法生搬硬套，那樣才能達到目的。

4 給顧客一個無法拒絕的理由

在促使顧客成交的階段，顧客通常會以各式各樣的理由拒絕成交，此時，很多銷售員都會心裡涼了一截：「完了，完了，我該怎麼辦？」其實，顧客提出拒絕是銷售過程中的一種必然現象，沒有必要大驚小怪。

我們每個人都有當顧客的經驗，比如去商場購買商品，面對銷售員的推銷，你會馬上認可嗎？不都抱著謹慎態度，提出各種不同意見嗎？ 這是一種普通的心理現象。

從心理學角度來說，每個人內心都存在自我防衛機制。面對推銷員，顧客的反射態度多數表現為輕微的異議，尋找藉口力求避免做出購買承諾，來抵禦銷售員的銷售攻勢。因此，如果你能認知到這一點，就會理解顧客為什麼會提出這麼多的拒絕意見了。

想成為優秀的銷售員，顧客回絕的理由是你必須克服的障礙。因此，不妨把顧客的拒絕當成是磨練自我的機會，從中學習巧妙應對顧客拒絕的技巧，引導顧客成交。

讓顧客自己說服自己

「推銷」2 個字，其實就是「引導顧客購買」，顧客一旦感受到強迫的含義，結果便會適得其反。

既然，顧客通常對銷售員的話抱有戒備心或反抗態度。在這種情況下，銷售員就不要再堅持己見，你可以反向思考，讓顧客自己來說服自己。

下面這個案例雖然不是賣服裝，但是也可以給銷售員有益的啟示。

紐約有位房屋拍賣高手戴伊，在賣紐約帝國大廈時遇到了很多阻力。

他的顧客是美國鋼鐵公司創辦人。但是，該公司的員工都想要「新型大廈」，因為帝國大廈結構老舊、位置不佳等等。

如何說服這些員工呢？如果戴伊自己去勸說，肯定會激起員工的反感。他們會說：「你就算把這些沒人要的破爛說成黃金也沒用！我們就是不要。」

經過一番思考後，戴伊把目標鎖定到創辦人身上。戴伊發現創辦人真正滿意的是帝國大廈，因為美國鋼鐵公司一直在這裡辦公，而且也是從這裡走向興旺的。創辦人對帝國大廈有感情。

了解到這些資訊後，戴伊有天去拜訪創辦人。他平靜地以閒聊的口吻不經意說道：「創辦人先生，您初到紐約時辦公室在哪裡？」

創辦人沉默了一會，說：「就在帝國大廈。」

「美國鋼鐵公司在哪裡創辦的？」

「也在這裡，帝國大廈。」創辦人回答。

「唔！您在帝國大廈住了這麼長時間？」戴伊明知故問。

「是啊！雖然它如今有點破舊，但這裡是我們的家。公司在這裡誕生、在這裡成長。我想我們應該留在這裡，讓新工人了解創業的艱難。」

聰明的戴伊讓創辦人自己去說服員工。不到半個小時，創辦人就幫戴伊理清了自己的困擾。

不論是賣房產還是服裝，顧客在成交前一刻，都需要他人肯定自己的決定是否明智、是否符合本身的利益。但是來自顧客那方的意見可能各有不同。特別是顧客結伴而來或團購時，有人可能不高興、懷疑、唱反調，也可能面露不悅。此時，銷售員一人面對眾多的顧客，顯然勢單力薄。這時，正確運用讓顧客自己說服自己的方法，有助於推銷成功。前提是要正確分析顧客反對意見的性質與來源，抓住能產生扭轉作用的「領頭羊」，靈活而巧妙地化解顧客的反對意見，使搖頭的顧客點頭。

瞞天過海

常常有這種情況，本來很暢銷的服裝只因剩下沒幾件，顧客覺得沒什麼可挑的，就放棄了。其實，這些服裝的品質沒有問題，只是顧客的心理感覺而已，好像自己是在買「貨底」，因而拒絕成交。此時，應該怎麼辦？

你可以把這些顧客認為的「貨底」暫且擱置起來，有顧客來詢問時，你可以這樣告訴顧客：「那件產品的款式確實是今年最時尚的！可惜已經賣掉了。」

此時，顧客心中一定會有想擁有這件服裝的欲望。你不妨向他致歉，說明自己無能為力，並留下他的電話號碼，說一有貨會馬上電話通知他。

過後，也許幾天，你可以用興奮而熱誠的口吻打電話給他，告訴他那款服裝已經到貨，且你也為他保留了。

顧客一想到心裡所要的服裝已經到手，自然樂不可言。

這種瞞天過海的計策具體實施時，還要注意幾點。

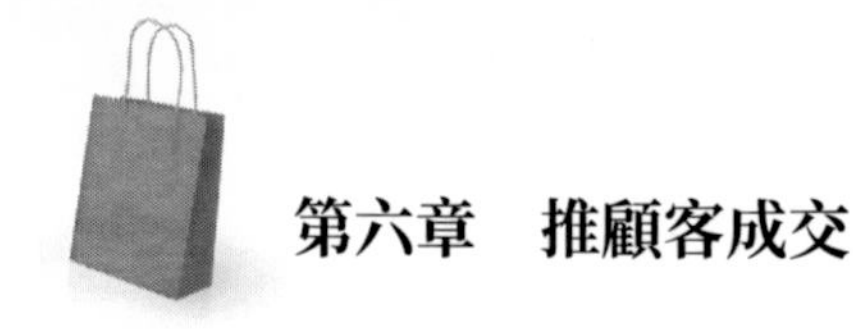

首先，你應該把握相隔的時間，太短，會引起顧客的疑心；太久，等到顧客非常失望時，你再告訴他可以買到，那效果就不會太好。

其次，你應該掌握說出這個好消息的語氣。你必須興奮熱誠，讓顧客感到你把他的事當成自己的事，即使他已不想購買，也會十分喜歡你，因為他覺得欠你人情。

美國哲學家約翰·杜威（John Dewey）說：「人類心中最深遠的驅策力，就是希望具有重要性。」每個人來到世界上，都有被重視、被關懷、被肯定的渴望，當你滿足了他的要求後，他被你重視的那方面就會煥發出巨大的熱情。只是不能把這興奮和熱誠發展到過度誇張的地步，因為那反而會讓他察覺到你是在設圈套。

這並不是教你詐騙，而是告訴你銷售的技巧。因為服裝本身並沒有什麼挑剔的理由，只是顧客的心理感覺而已。因此，你可以假設一個關愛顧客的藉口，讓他無法拒絕，從而成交。

總之，給顧客一個無法拒絕的理由，並不是充分說明服裝的優勢，竭力強調顧客不選擇的壞處，幫顧客編造一套冠冕堂皇的理由；也不是讓顧客在沒有其他選擇餘地的情況下，只能按照我們提供的方案合作，而是一切均以事實為依據，以客觀為尺度，站在顧客利益的立場上，仔細研究顧客的需求，充分滿足他們，使其無法拒絕。

5 說服顧客今天買

相信在即將成交的最後階段，很多銷售員最害怕聽到顧客說「讓我再考慮考慮」、「再考慮看看」、「我得仔細想想。」這幾乎是顧客不可能再次回來購買的訊號。因此，許多銷售員聽到這樣的話語，神情失望，束手無策。

其實，這種顧客通常是對服裝有種不肯輕易相信的感覺，特別是閱歷豐富的中年或老年人，他們認為：我走過的橋比你們走過的路還多，就這麼一下子輕易被黃毛丫頭說服，她的話可以當真嗎？因此，他們會藉故現在不買。但是，他們卻又不急著走，還會對商品左顧右盼，且會聽其他顧客的談論，借此了解這種商品的可信度。如果我們不加以注意，不繼續接近顧客的話，就會損失一次成交的機會。所以，面對顧客明顯的拖延，銷售員一定要想辦法促使他們「今天買」。

■ 利用唯一性進行價值塑造

物以稀為貴，所有的人都會有「越得不到的東西，就偏偏想得到」的心理，這種獨特的心態正可運用於銷售上。

以下是正確地製造「唯一性」的話術：

「這款產品已經銷售 5 萬多套了，現在庫存已經不多了！」

「這是我們品牌今年上市的最新款，其他店鋪已經沒有貨了，在我們店裡也只剩幾件了。」

「這是我們品牌重點推出的最新款，在我們店裡也只有 2 件，建議您看看。」

■ 限時搶購

很多顧客即使意識到自己需要服裝，也不著急購買，究其原因就是沒有急迫感（短期內不需要）。因此，想在短期內達到成交的效果，就要讓客戶產生危機感。如果你能營造出一種「危機感」，讓客戶覺得自己馬上就需要你的產品，那麼顧客就很可能購買。

有的商家用「限時搶購，每人只買 1 件」的辦法，也可以促使顧客早點下決心。

有的商家會舉辦「答謝老客戶」特賣會，第 1 天打 9 折，第 2 天打 8 折，依此類推，直到 1 折為止，如果最後 1 天去，誰都不能保證你想要的那件一定還有貨，所以商品往往在第 3 天、第 4 天就銷售一空。

■ 提醒顧客注意某個時間

如果顧客藉口說：「我還要等一段時間」，你可以這樣告訴他：

「我很高興您做出明智的決定，可是，我們促銷的時間只有這 2 天。如果您立刻將這個決定付諸實施，就可以獲得本商品的優惠價格。晚了就沒有優惠了，得多花好多錢……。」、「 這位先生，今天是我們的週年慶，所有服裝買 2000 送 250、買 3000 送 500，而這個專櫃則是買 1 送 1，真的非常划算！活動到明天為止，機不可失！」

■ 提醒顧客注意某個事情

「您看，這是新上市的服裝。今天是母親節，不買 1 件送給媽媽當禮物嗎？」

對外地的顧客可以說：「這是我們這裡有名的質料，遠近聞名。您出差來一趟不容易，帶點回去吧！」如果你這樣說，顧客拖延的可能性就很小了。

■ 替顧客做決定

某家服裝店裡，有位顧客看中了一條裙子，試來試去，就是下不了決心。接待她的是新來的服裝銷售員，不知該怎麼處理。商場經理看到這種情況，就到櫃檯開了發票，把發票遞給服裝銷售員並使了個眼色，服裝銷售員很快就反應過來，把發票雙手遞給顧客：

「小姐，您好，請到收銀臺買單。」顧客順手接過發票，略帶猶豫，但還是跟著服裝銷售員走向收銀臺……。

有些顧客可能是為別人買衣服，因此，當自己看中時，往往又不肯做出購買的決定。這時，你也可以代顧客做主。

顧客：「我是滿喜歡這件，只是不知道我婆婆喜不喜歡這個顏色，還有尺寸是否合適，不然我下次帶她一起來買吧！」

銷售員：「啊！您是要送給婆婆當生日禮物啊？您真孝順！那我覺得這件大紅的更適合，號碼就拿大尺碼的吧！老人家都喜歡寬鬆一點的。今天帶回去剛好可以給她驚喜，如果尺寸不合適，您隨時可以來換。」

■ 窮追不捨

當顧客說「我要再考慮一下」時，可以這樣回答：

「我很清楚您的時間十分寶貴，我相信您也會認為我的時間同樣寶貴。因此，我真心希望您能給我一個肯定的答覆。」

■ 訂金法

有些顧客特別不好對付，如果銷售員不答應他的條件，他們就會說「那就算了，我要走了」之類的話，用來施加壓力。他認為這樣施加壓力後，銷售員會答應他的條件。

對於這類顧客不能一再讓步。對他們只能據理力爭，但也要讓他從「不買」這個臺階上下來。你可這樣說：

「先生，要走了？別明天再來後悔呀！到明天，或許價格就漲了呢！」

「先生，不然先開個訂貨單，到明天您來後就省事多了。怎麼樣？」

當你運用這樣的語言後，這類顧客就會走也不是，不走也不是。這樣，你就給了他一個決定，他必定會與你商談的。

如果顧客確有急事，你可以這樣應對：

「先生，您喜歡這商品，又想購買它，但是有急事。這樣吧！我先幫您開個訂購單，等你有空了再來，我們再開發票付款，怎麼樣？反正開訂購單也不費您多少時間。」

當然，做任何事情都要有具體問題、具體分析。一樣是拖延，不同的顧客也有不同的原因。如果顧客強調：「無論如何我今天不會下決定，因為我還需要考慮。」那麼你催促他趕快決定就沒有任何意義。你應該說：「好的，您什麼時候能做決定呢？」得到答覆後，告訴他：「好的，先生，我到時候打電話給您。」

顧客之所以會拖延，原因各式各樣。不論是哪種原因，你都可以採取相應的對策，用語言征服，或是用價格優惠，或從行為上推他們一把。重要的是，讓顧客意識到立刻採取行動對他們比較有利，那麼，顧客就會馬上採取行動，與你達成交易。

6 附加銷售，為顧客「錦上添花」

所謂附加銷售，就是在顧客原需求的基礎上，向顧客介紹一些附帶商品。例如：顧客購買了你的西裝，你可以再向他介紹襯衫、領帶，甚至是領帶夾。比如，裙子需要配腰帶，而店內也有販賣腰帶時。這種陪襯式推銷可以給顧客錦上添花的效果。

因為很多顧客在買服裝時，並沒有想到要配什麼飾品，再加上對服裝店不了解，也不會提出要購買相關配件的要求。附加銷售一般都是看起來可有可無的點綴類或配套類服裝，所以需要銷售員的引導。當銷售員不失時機地把其他相關的飾品配件介紹給顧客時，他們會為你的細心體貼所打動，那麼你就會多一位忠實顧客，同時也提高了你的銷售業績。

小張閒逛中走進一家化妝品店，一位銷售員走了過來：「先生，您好！您很幸運，今天是我們商店裝修後重新開業，進店的都有禮品相送。」

小張說：「什麼禮品啊？你們賣的都是女性用的，我用不到！」

銷售員接著說：「不會的，這禮品您可以送給女朋友啊！」

小張心想，也是，不用花錢就當做人情，確實是打著燈籠沒處找的好事。

小張接過禮品，準備說聲謝謝後離開時，銷售員又說：「先生，我送給您的護膚商品最好配上這個！」銷售員順手拿起展示臺上的男士潔面乳。是啊！光讓女朋友美麗，自己也不能邋遢啊！小張看看標價，才 290 元，等於不到 300 元就可以獲得 2 項商品，划算，於是掏出了錢。

這位銷售員就很懂得使用附加銷售的技巧。

要想引導顧客進行成功的附加購買，關鍵是掌握這種成交的方法。

■ 前提是了解需求

身為服裝銷售員，在顧客購買完他們滿意的服裝後，千萬不要急著送賓，而是和顧客多聊一會，了解一下顧客是否還有其他需求。如果顧客購買的產品需要相關的配件、配套時，銷售員可以進行附加推銷。

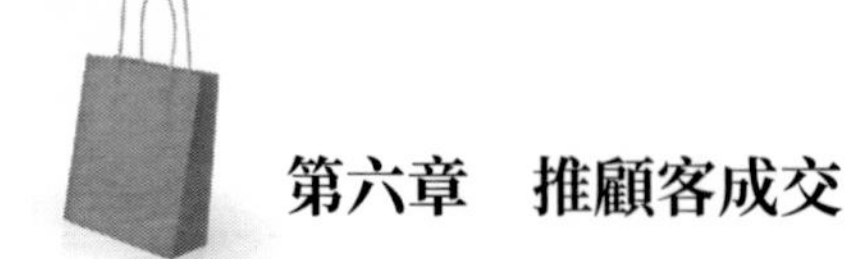

■ 抓住顧客購買服裝後的機會

附加推銷是在顧客銷售完成的基礎上採取的行動。在銷售初期，顧客還沒有明確購買的情況下，進行附加推銷和多買的鼓勵，反而容易引起顧客的警覺和反感。

在顧客購買服裝的過程中，如果急於求成，遊說顧客去關注附加飾品，無疑會讓顧客產生矛盾情緒。此時，顧客對服裝銷售員往往是排斥的，認為銷售員是有意引導他多花費。就像我們去逛商場一樣，如果銷售員太過熱切地推銷，我們心裡肯定會嘀咕：「是賣不出去嗎？」結果往往只會是 —— 偏偏不買。

因此，明白了顧客的這種心理，服裝銷售員要避免操之過急。當顧客自主地購買一些服裝後，再做附加推銷，顧客通常都會不由自主地接受，認為銷售員是在幫助他們獲得更完美的服務。

例如：「先生，我覺得您買的這套西裝很適合您的風格，如果能搭配包包，效果還會更好。」此時，顧客就不會感覺推銷的突然，會考慮是否接受你的請求。

■ 找零錢時引導顧客附加銷售

我們在一些大賣場的收銀臺前，常常會看見擺放著一些口香糖、巧克力之類的小食品。這一方面是為了吸引年幼顧客的目光，再者也是為了把顧客的零錢兌換成這些商品，因為有些顧客在找零錢時可能會嫌麻煩。

服裝銷售也是一樣，當顧客找零時，不妨試著推薦一下小配件。

比如，顧客買了一件連身裙，你可以告訴她：「小姐，這是我們新推出的腰鏈，非常時尚，在批發市場賣 300 元。為了增添我們服裝的亮麗，我們都是成本價出售，150 元，搭配您的裙子肯定很好看。怎麼樣？」

或是當男士買了西裝褲後，你可以告訴他：「先生，再看看我們的棉襪吧！1雙150元，透氣、吸汗，您的零錢正好可以買1雙。」

■ 抓住促銷活動好機會

服裝店做促銷活動時，正是促進顧客進行附加購買的好機會，因為有許多物美價廉的產品可以供顧客選擇。因此，銷售員要利用這些機會進行附加銷售，通常那些豐富的種類也容易贏得顧客的滿意。

■ 新款產品剛上市時

在新款式、新質料、新品牌的服裝上市後，銷售員可以在顧客購買服裝時，把這些新產品推薦給顧客，這對品牌新品的宣傳和業績的提升都有很大的幫助，同時也可以實現附加推銷。

■ 用「收藏」打動顧客

附加推銷的目的不是為了單單提升業績，銷售員在銷售服務過程中，開展附加推銷是為了帶給顧客更大的增值和好處。

比如， 相同顏色、不同款式，或同一款式、不同顏色，也會讓顧客愛不釋手，銷售員可以不失時機地建議顧客「收藏」。

另外，聰明的銷售員不會只盯著顧客一人進行附加銷售，當顧客和朋友、家人或同伴一起購物時，可以在適當的時機說服他人購買，這也無疑會增加附加推銷的數量。

比如：「這位小姐是您的朋友吧！她這麼白淨細膩的皮膚，披上這種顏色的絲巾會襯托得更加高雅。」

附加銷售的目的是為顧客著想，關心顧客。因此，切記不可讓顧客有

強制購買的感覺，一切要從顧客的角度出發，自然的促進銷售。如果發現顧客有不悅的情緒，或遭到顧客拒絕，就應立刻停止連帶推薦。

第七章
巧妙應對價格異議

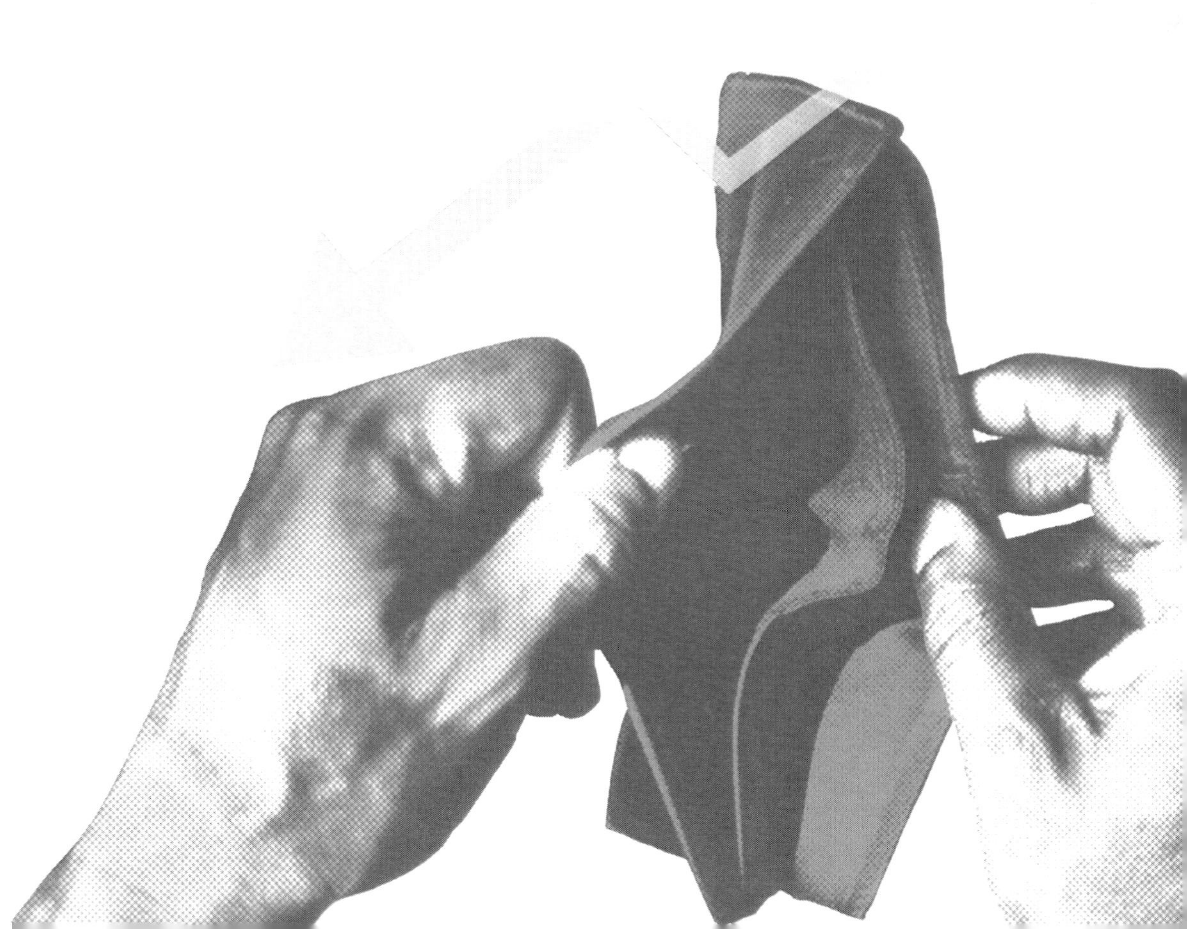

古往今來，在交易的過程中，顧客的討價還價似乎無處不在、無時不有。從批發市場的幾塊錢小生意，到企業間 100 萬以上的巨額交易，買賣雙方總難免為成交價格糾纏不休。服裝銷售也是如此，很多顧客在購買服裝時，無論有沒有支付能力，都會習慣性地與銷售員討價還價。

而且，越是在即將成交的關鍵時刻，顧客越會在價格上「較勁」，不是貨比三家後要求物美價也廉，就是以價高為藉口「移情別戀」。 此時，銷售員應該怎麼辦呢？銷售員並非老闆，沒辦法隨便降價，難道眼看著顧客向自己說「再見」嗎？

優秀的銷售員不但能巧妙地引開顧客對價格的關注，而且還可以讓顧客在滿意的服務中順利成交。

1 品質不錯，價格太高

很多銷售員抱怨，我們的服裝品質可靠，顧客也看得上眼，可是，無論報多低的價格，顧客都嫌貴。他們總會有這樣那樣的理由來希望降價。價格已經讓到不能讓了，顧客還是搖頭說貴，真是讓人無奈。

因此，當面對價格異議的顧客時，銷售員通常會不耐煩地質問：

「這種價格還嫌貴？」

「那多少錢您才覺得划算呢？」

「我們這裡的東西還算貴？您去某某賣場看看，同款式的 10,000 多元耶！」

「這樣子還嫌貴」的潛臺詞是：「你有沒有買過衣服啊！難道有可能免費給你嗎？」明顯有看不起顧客的味道。

「那多少錢您才覺得划算呢？」表達的意思是：「您對服裝品質沒有

信賴感，用價格代替商品價值，來做為決定購買的關鍵因素。」

「您去某某賣場看看……」，屬於諷刺顧客等級低，當然會讓顧客感覺沒面子。

以上這些錯誤應答的方式絕對不利於成交。

其實，顧客嫌價格貴也分好多種，並非都是購買能力達不到，裡面包含很多潛臺詞，需要你去仔細辨別後找出應對的辦法。

■ 對待就想殺價的顧客

顧客不是服裝製造商，也不是服裝經銷商，他們不可能知道什麼價格才合理，再加上銷售員與顧客所站的立場不一致，顧客不會輕易相信銷售員的一面之詞，當然要討價還價，不殺白不殺。因此，對於這種顧客，你就要堅持你的價格，可以用輕鬆的語氣適當地開玩笑：「老闆，這個價格真的不貴。我們經營服裝的成本也很高，從製造商到運費、儲運、房租等。您也知道，現在賺錢不容易。您總不能砍得我連一點毛利都沒得賺啊！」這樣大吐苦水，讓顧客明白你並非什麼暴利，通常都會成交的。

■ 對待沒有購買能力的顧客

某顧客看中一款連身裙，問銷售員「大概多少錢？」

銷售員回答「5,000 元。」

「啊！這麼貴啊！」顧客驚訝地張大嘴巴。因為她月薪也才 30,000 多元。

這些顧客通常都是節儉、或買不起的低收入家庭，以年輕的低薪階層居多。嚴格來說，他們不是你的準客戶，但是，他們是你的潛在客戶。有一天，他們的荷包會漸漸豐厚起來。因此，對這類顧客，你應該禮貌地拒

絕，不要冷淡怠慢他們。否則，某天當他們有能力重新購買你所提供的服務時，會因你曾經的粗暴對待，不再光顧你們公司。

■ 對待節儉型顧客

有類顧客就是天生的節儉型，有錢也捨不得多花。對於這類顧客，可以跟他們說明一分錢一分貨、價格高買好貨的道理。還可以使用「以後價格會更高」來激發他們買；也可以為他們提供那些品質還可以，但包裝普通的服裝，因為這些顧客圖實惠，不太看重包裝。總之，要根據顧客的不同個性運用不同的方法。

要說服顧客成交，首先需要顧客接受你的想法，也就是說，銷售員要把自己的想法賣給顧客。節儉雖然是美德，但是，商業平衡的規律告訴我們，想少付出而獲得，幾乎不可能。因此，面對這些過度節儉型顧客，銷售員可以這樣引導他們。

「這位女士，我們都知道一分錢一分貨，便宜沒好貨。千萬不要用低價買一些次級品。那樣等於多花錢，更不划算啊！」這樣說對愛算計的顧客比較有效。

另外，你也可以這樣告訴那些確實對服裝愛不釋手的顧客：「先生，您現在不買，過幾天可能就買不到了。錯過機會，價格就會更高。」因為確實留戀服裝，這些人咬著牙也會買下來。

「奶奶，您覺得我們這裡的價格高，您就去別處看看，有沒有比這價格低的。像我們這種品質的服裝，這個價錢您再也找不到啦！雖然包裝陳舊，但是品質絕對沒得挑。」這種說法對那些專門圖實惠的顧客最有效。

一般來說，能夠從各個層面對顧客講明利害，他們在比較中會做出選擇。

■ 對待不信任你的顧客

這類顧客通常見多識廣，購買能力也不錯。他們之所以對價格有異議，要麼是擔心你的產品品質，要麼是挑剔你的服務，要麼認為你們公司不夠專業，不能提供所需。因此，他們也會拿價格高來搪塞。

其實，這類顧客是最有希望成交的，因為他們有經濟後盾。因此，要看到他們價格異議中潛在臺詞的含義。

首先，你要承認顧客的看法，因為這類顧客自我感覺良好，他們認為自己的觀點是不容置疑的。「的確，許多老顧客也認為這件衣服品質不錯，就是價格稍微貴了點。」

接下來，要詳細地向顧客介紹服裝的機能、品質、售後服務等各方面的優點、特點，使顧客獲得足夠的資訊，打消他們的疑慮。「很多這種款式的服裝，價位確實低，但是穿出去的效果和我們的不一樣。」

在得到顧客肯定後，可以採步步為營的方式，一環套一環，讓顧客沒有反擊的餘地。「我們的設計新穎，款式質料又很好。如果價格低，品質和料子就沒這麼好了，穿起來也沒有這麼挺。這些您一定知道。」

等顧客點頭或默認後，你可以及時提醒顧客：「我想您一定不希望買件衣服只穿幾次就變形不能穿了，那多破壞自己的形象啊！您說是嗎？」這類顧客物質豐富，較關注精神需求和形象地位的重要性，因此，這樣說可以打動他們。

甚至你也可以提醒他們，如果現在不購買，他們將遭受什麼樣的損失。

如此，在銷售員的步步緊逼下，顧客就不會和你在價格上做過多無謂的糾纏，不知不覺會成交。

有時候，在無法了解顧客價格異議下的真實想法時，可以採用以下

這種方法。在國外的行銷界，也提出了這種策略：「當顧客在價格上要脅你，你就和他們談品質；當顧客在品質上苛求你，你就和他們談服務；當顧客在服務上挑剔，你就和他們談條件；當顧客在條件上逼近你，你就和他們談價格。」

此種策略比較適合剛進入銷售這一行的人，因為他們對處理顧客異議的經驗還不夠，有時候只能用這種方法說服顧客。真正優秀的銷售員是能準確識別顧客各種異議的，然後進行恰當、全面的回應。

在顧客看來，銷售員就是賣服裝，而顧客是買服裝的。賣家和買家的觀點肯定不一致，再加上許多價格「浮泛」大，顧客霧裡看花，也擔心自己多花冤枉錢。因此，即便看上眼的服裝也要在價錢上計較一番。此時，銷售員要站在顧客的角度考慮，真誠地與顧客溝通，且根據每類顧客的特點採取不同的說服方法。

2 款式材質一樣，你們為什麼這麼貴？

在大多數顧客看來，服裝的可比性就是質料和款式，如果質料和款式相同，價格卻不同，他們當然不能接受。因此，顧客常常會以「款式質料一樣，你們為什麼這麼貴？」來提出價格異議。

「奇怪，我上次在 XX 商場也看到類似的服裝，款式質料都和你們的差不多，才 2,000 出頭。你們居然標價 3,800，太離譜了！」

遇到這種情況，銷售員可能會做出以下回答：

「是嗎？這我確實不知道。」

「我們這種質料含棉成分較高，與他們的不一樣。」

「買衣服不能只看質料和款式，還要看製作技術啊！大廠和小廠生產的當然不會一樣啊！」

第一種回答「是嗎？這我確實不知道。」等於默認顧客的看法，有理虧的感覺。意思是如果我知道，就不賣這個價格了。首先，在沒有成交前，就低了顧客一截。接下來就只有接受降價的命運了。

第二種說法「我們這種與他們不一樣」，似乎是質疑顧客不懂。這種自說自話無法提供任何具有說服力的證據。遇到太計較、認真的顧客，可能會問：「你有這種質料的含棉成分鑑定書嗎？」如果不是獨家生產、獨家開店，銷售員怎麼可能有這種證明呢？況且，含棉量的差別也不是顧客馬上可以試驗出來的。

第三種說法「大廠和小廠生產的當然不會一樣啊！」似乎在教訓顧客不懂製作技術的精細之道。可是，如果遇到那種不注重製作技術，只重視價格的顧客，就更沒有說服力了。

既然顧客強調質料和款式相似，很可能他們都做了對比，而且也不是對質料完全一竅不通的外行，因此，身為銷售員，要先認可顧客的說法。顧客又不是服裝專家，因此，即便他們說的並非全對，也要先予以認可。這也是給顧客面子。只有認可，才有接下來談判的可能。否則，全盤否定，絕沒有成交的可能。

因此，推銷員面對這種情況，可以採用以下方法：

■ 移花接木法

先順著顧客的話題走，然後巧妙地轉移。

銷售員可以這樣回答：「這位女士，看來您是服裝的行家啊！您剛才提到的這種狀況我了解，剛才也有人說起這個話題。不過還是要感謝您對我們的善意提醒。」

先認可顧客的說法是為了安穩顧客的情緒，接下來，就要轉換話題：「不過，這並不影響他們的購買。剛才那位說我們價格高的顧客，還在我們店裡買了1件大衣呢！」

故意抖出這個價格高還購買的「包袱」，是為了吸引顧客的好奇心。顧客一定會問為什麼。

此時，銷售員回歸正題：「其實影響價格的因素很多。就像相同的菜，被不同的廚師做出來，味道也就不一樣。同樣的材料，有些只能做成小炒，有些卻可以登大雅之堂。同樣的，服裝上市除了設計、工藝，還有質料的處理以及品牌形象等，都會影響到價格。值不值這個價錢的關鍵是看品質、服務和品牌。」

此處要巧妙地延伸到品牌上，及時強調自己品牌的與眾不同。

「那位顧客認可的就是我們的品牌。我們品牌的特點是……。」

為了防止讓顧客認為你是自賣自誇，你可以這樣補充：「當然，耳聽為虛，眼見為實，您親自感受一下，就知道我說的對不對了。您不妨試一下，買不買沒關係。」一般試穿後，顧客就會打消自己的價格嫌疑。

應對這種價格異議，推銷員可以先感謝顧客的善意提醒，將他拉過來成為自己人，同時簡單告訴顧客自己店內衣服與仿款衣服的差異點，且立即引導顧客體驗服飾的獨特感受，從而轉移顧客關注的焦點。

■ 出其不意法

有時候介紹服裝有推銷的嫌疑，顧客很難聽進去，因此，可以出其不意地反問，達到以子之矛攻子之盾的目的。

銷售員：「這位先生，您說得沒錯。我想請教您，您比較願意住3星級飯店還是5星級飯店呢？」

顧客：「當然是 5 星級啦！ 3 星級和 5 星級怎麼比？」

服裝銷售員：「那就對了。3 星級和 5 星級肯定是沒辦法比。穿衣服也是一樣，穿名牌和穿普通牌子的感覺肯定是不一樣的。」

住 5 星級飯店與住 3 星級飯店，所享受到的服務舒適程度不同，必然會影響價格，因為 5 星級飯店為顧客提供的服務絕對超越 3 星級，這也就是說，價格和價值之間必然存在差異性。此時，顧客才明白，被銷售員引入了自己布下的陷阱，但是，他們無法否定，在不知不覺中，讓顧客承認價格高是有道理的，比銷售員勸說他們效果還好。

服裝定價本來就是動態過程，完全可以根據不同情況，採取不同的定價策略。

我們經常看到這種情景：款式、質料都相同的服裝，在小攤子最多賣 500 元，可是，一旦進入商店賣場，便身價倍增，可能會賣到 1,000 元以上，但還是有人願意買。為什麼？人們喜愛商店賣場的環境、喜愛商店賣場的包裝，而且說出去也有面子。這就可以理解為什麼有人明明是從地攤買來價值 500 多元的涼鞋，卻硬說是購物中心買的，2,000 多。因為他們要滿足自己的虛榮心，從人們的羨慕中得到滿足感。同樣，許多顧客購買服裝的目的並不僅僅是為了獲得直接的物質享受，更是為了獲得心理上的滿足。

實際上，在某些較發達地區，感性消費已逐漸成為一種時尚，而只要消費者有能力，就能進行這種感性購買。這就出現一種奇特的經濟現象，即產品定價越高，就越能受到消費者的青睞。

另外，服裝的貴與不貴，跟服裝本身沒有多大關係，而跟顧客的自我判斷有關。有人花 10,000 元買一套衣服說不貴，有人花 100 元卻說貴，因為他們自我感覺良好。因此，常常有這種服裝經銷商，明明各種服裝的款式和質料都相同，但卻會貼不同的商標來出售，就是為了把不同的感覺賣給顧客。這樣不但可以獲得部分高價位顧客，而且還可以獲得另外只願意出低價的顧客。

其實，「需者不貴」。對某些稀少、短缺的產品，即使成本並不太高，價值和品質也屬一般，但由於市場難覓，有些顧客也願意出高價購買。因此，了解了這些，銷售員就可以憑藉媒體的宣傳，讓服裝給人「名貴」或「超凡脫俗」的印象，從而加強消費者的好感。如果你達到了這一切，對顧客的價格異議完全可以應付自如。沒必要感到高價位就是不合理。

應對這樣的價格異議，既可以循循善誘，也可以出其不意地旁敲側擊。不論使用哪種方法，一定要讓顧客感受到推銷員訓練有素、從容不迫、自信而沉穩，因為推銷員處理問題的專業形象與方式，往往比處理問題本身還要重要。專業的形象和解決問題的方式是最有說服力的。

3 相同品牌，為何你們的價格高？

隨著社會經濟的發展，人們越來越重視生活品質的提升。表現在服裝消費上，最明顯的特點是——人們逐漸由追求數量和品質，延伸到追求品味格調，穿衣服也逐漸向名牌和品牌看齊。的確，名牌代表的不僅是品質可靠，更是品味和地位的象徵。因此，許多服裝店也以經營品牌服裝為榮。

可是，在滿街都是品牌服裝的時代，顧客會搞不清楚什麼品牌是正宗，什麼品牌是仿冒。因此，看到相同的品牌，價格卻有差異時，難免會提出自己的懷疑。

3、相同品牌，為何你們的價格高？

當顧客質疑：「同樣都是品牌，為何你們的價格較高」時，銷售員可能會這樣回答：

「差異不大，就差幾百塊。」

「我們的款式新潮，花色漂亮，品種齊全。」

「他們與我們不是同個等級的。」

第 1 種說法明顯是承認自己有在價格上做文章，故意抬高價位，欺騙那些沒有貨比三家的顧客。雖然才幾百塊，你認為是因房租高或運費高等，但是，在顧客看來，相同的品牌就應該一樣的價錢，多 1 塊錢他們也不願意，更不用說多幾百塊。

第 2 種說法「我們的款式新潮，花色漂亮，品種齊全。」似乎好處都被你們拿走了，顧客能相信有十全十美的服裝嗎？

這種解釋過於空洞，沒有任何說服力。

第 3 種說法，語言過於偏激，有攻擊與貶低其他品牌的嫌疑，也是不可取的。

其實，顧客在相似品牌之間進行價格比較時，考慮更多的並非那幾百塊錢的價差，關鍵是這個價差是否真正值得付出，因為有研究表示，許多顧客寧願多花錢買更有特色與品質的服裝。所以，身為推銷員，不要因為自己的品牌比競爭品牌價格高，就感覺理虧。每個品牌或產品都有自己的優點，關鍵是我們要找到其優點並恰當地表現出來！讓顧客明白買得值得。如果自己的服裝本來就比對手好，當然可以理直氣壯地告訴顧客。

此時，推銷員一定要注意：絕對不要貶低競爭品牌。因為往往在我們貶低的同時，也貶低了在顧客心目中的形象。因此，聰明的銷售員往往這樣應對：

誇讚對手

有時候，誇讚你的競爭對手，也是贏得顧客信任的好方法。那麼，顧客會為服裝銷售員的良好職業道德所感動，從而更加信任你、接受你。

顧客：「你們服裝的風格跟 XX 的很像，XX 已經是 10 多年的老品牌了，你們應該是仿他們的吧？」

銷售員：「看來您對這個品牌的服裝頗有見解。是的，XX 是服裝品牌中的佼佼者，也是我們一直以來的學習榜樣。但是，您可能還不太了解，我們的品牌創建時間雖然不長，但是也很有競爭力，這邊是上午剛上架的，我來幫您介紹一下。」

上面這個例子中，如果服裝銷售員不先誇讚競爭對手，顧客可能連聽都不會聽他解釋，更別說改變主意購買他的衣服了。可見，贏得信任最快捷的方式就是稱讚。

比較法

銷售員：「謝謝您給我們的善意提醒。是的，現在市場上確實有許多服裝看起來款式、質料都差不多。因為我們 2 個品牌在風格及價位上都比較接近，價格也只有一點點的差異，許多人都不太區分的出來。不過，仔細比較後，您會發現，我們的品牌風格是新潮時尚；對方的款式和顏色則更適宜實用、求穩重的人士，就像青菜蘿蔔各有所好一樣，適合自己的才是最好的。您看好我們的哪種花色，可以感受穿在自己身上的效果。」

如此解釋，比較中肯，也利於顧客做出適合自己的選擇。

明貶暗揚

銷售員：「和 XX 品牌比起來，我們確實是服裝界的小弟啊！知名度遠遠不如他們。不過，在服裝款式的變化上，我們也是當仁不讓喔！您看，這些男裝在兼顧商務的同時，更側重於生活休閒，特別是加入一些流行元素，使顧客穿起來顯得更加年輕。許多像您這個年齡層的中年人都很喜歡，因此，儘管價格比起 XX 品牌貴一點，但是他們對款式和質料都很滿意。」

這種方法含蓄地彰顯了自己的優勢，讓顧客明白之所以價格高的原因，也就沒什麼可質疑的了。

因為目前的服裝市場，同一品牌的服裝因加工廠不同，品質也會有所不同。因此，在顧客質疑品牌相同但價位不同時，要引導顧客關注服裝的款式以及製作技術，甚至售後服務等方面給顧客帶來的滿意度等，要關注服裝的延伸功能，那樣才能打消顧客的疑慮。

4 我身上沒帶那麼多錢，少點啦

銷售員在歷經千辛萬苦與顧客溝通磨合後，好不容易達成成交意向。可是，在即將成交的階段，顧客會出其不意地說：

「唉！真是不好意思，我剛剛買了點東西，現在身上不到 1,000 元了。要不您就便宜點賣給我吧！」

此時，銷售員真是左右為難。不賣吧！前面的嘴皮子白費了；賣吧！這樣的「跳樓價」確實令人頭痛。怎麼辦？

「早知道沒帶錢還廢話什麼啊！浪費我時間！」好不容易才開張的銷售員可能會滿腔怒火。

「出來不帶錢，逛什麼街？」有些銷售員聽顧客這麼說，常常會口出此言。這就有點明顯地看不起顧客，對他們不耐煩了。

「沒帶錢？真的假的，你們這種人我見多了，我可不吃這一套！」有些銷售員自認為見多識廣，是「老江湖」，因此常常會懷疑這樣的顧客圖謀不軌。

「唉！算我倒楣！」、「喔，那沒辦法了，以後再說吧！」性格懦弱或天真老實的銷售員可能會這樣自暴自棄。

對待聲稱沒帶錢的顧客，銷售員通常都會做出以上這些反應。雖然有些銷售員的態度不至於那麼明顯地差勁和粗暴，但大多數都會放棄成交的願望，熱情馬上降溫。

其實，聲稱沒帶錢的顧客，有些是確實沒有，且懶得再跑一趟，而放棄購買；有些顧客可能是以此當藉口，要求降價；有些就是能力確實有限，因此委婉拒絕。

因此，對待這些顧客，銷售員也要因人而異，採取不同的方法。不論怎樣，銷售員都不要妥協、放棄成交。最好是在顧客的購買欲望還沒降溫時促成交易，這才是最為穩妥的辦法。

■ 對待第 1 類顧客

你可以這樣回答：

銷售員：「小姐，請問您住哪裡呢？」

顧客：「XX 街，坐車要 1 個小時呢！」

銷售員：「喔，我住的地方離那裡不遠。要不然，您先留下 500 元訂金，下班後我幫您送到家，到時您再付清餘款？」

顧客：「好啊！那我把地址留給你。」

這類先付訂金法主要適用於顧客「手頭現金不足」的情況，這樣可以促使顧客迅速做出購買決定。當然，服裝銷售員不可能都像上述案例中一樣幫顧客送貨上門，但可以向顧客表示，會將其看中的服裝先打包預留，只需要先付少量的訂金；即使顧客不願意留下訂金，也不要輕易放棄，可以留下顧客的聯絡方式，並表明願意為其保留一段時間。在這種情況下，顧客通常都不好意思再拒絕了。

■ 對待第 2 類顧客

你可以直接告知：「實在對不起，我們現在就是因為週年慶大促銷才這麼便宜的，實在沒有辦法再少了。」使其放棄降價的念頭。

■ 對於第 3 類顧客

銷售員必須考慮到其經濟狀況，根據顧客的購買能力，真心誠意的為他們做出最符合經濟承受能力的計畫，盡量不增加他們的經濟負擔。這類顧客常以年輕人居多，明明愛面子想買，但是能力有限，因此也會以「沒帶那麼多錢」為藉口。

如果你面對的顧客是這種年輕人，那麼可以採用引導式：「若您這次確實沒帶那麼多錢，沒關係，既然您真心喜歡我們的產品，您可以按照自己的消費能力買一件稱心如意的。錢多買貴的，錢少買便宜一點的，多少由您自己決定，我來幫您參謀。」

年輕人多數思想樂觀，如果你能表現出真誠替他們考慮的態度，他們是不會拒絕交易的。這樣一說，他們也不會感到難為情。

總之，不論顧客是否真的錢財不足，都不要放棄成交的打算。既然顧客來到店裡，總是要購買東西的，否則他們不會多浪費時間。因此，要努力挖掘出原因，找到解決顧客價格異議的問題。

5 去掉零頭，何必小氣

有些顧客總認為服裝店 —— 特別是一些品牌專賣店，財大氣粗，在價格上也沒必要斤斤計較，化零為整，去掉零頭多方便，何必那麼小氣，把價格計算到個位數？於是，在服裝店裡，經常上演這一幕：

顧客：「1,638 元？這件裙子太貴了，便宜點吧！去掉零頭啦！」

顧客：「你們這種實力雄厚的公司，還在乎零頭啊！」

遇到這種情況，有些銷售員可能會這樣應對：

「不好意思，這已經是最低價了。」

「對不起，這是公司的統一定價，我無法做主。」

「我們這裡不講價。」

「一分錢一分貨，價格高自然有價格高的理由。大家都像你這樣去掉零頭，那我們的生意還要做嗎？」

以上 4 種說法，通常都不能幫顧客解決他們的問題。

「不好意思，這已經是最低價了」，暗示顧客別費心思，要討價還價另找地方。

「我也沒辦法，這是公司統一定價」，則暗示銷售員是站在顧客這邊的，他也認為這個價格確實有點高，但這是公司決定的事情，他只能被動接受。因此，銷售員的這種態度會把顧客推向一邊。

「我們這裡不講價」，這句話太直接，似乎是嫌棄顧客無理取鬧，絲毫沒有商量的餘地，實際上就是在驅逐顧客離開。會讓顧客有備受羞辱的碰壁感。

第 4 種說法明顯是教訓顧客的意思，似乎顧客沒有做過生意，不懂做生意之道，有以大欺小的意思。

顧客對價格表示異議是一種本能，也是顧客的習慣。即便價格再便宜，顧客也會提出類似的問題。其實，顧客之所以想去掉零頭，就是為了占便宜。

占便宜和愛討價還價是大眾普遍的消費心理。再加上千百年來，國人重農抑商的傳統教育，總是認為無商不奸，於是人們普通養成了不討價還價就吃虧的心理。

對某些客戶而言，成功殺價似乎能獲得心理滿足。由於客戶不知道底價，只知道憑自己的殺價能力把價格殺低，就能獲得心理滿足，特別是女性客戶更是如此，她們天生的語言表達能力強，對討價還價更是樂此不疲。很多女士在經過激烈的討價還價成功後，還會彼此交流心得體會。在她們看來，似乎購物的樂趣比消費的樂趣還要大。為此，銷售員要摸透客戶愛占便宜的心理，使用以下方法。

讚美法

如果是男顧客，服裝銷售員可以這樣讚美他：「看您穿的西裝就知道，您一定是很有身分的人，不會捨不得花錢買套好西裝吧？有時您一頓飯可能都不止這些錢了。」

銷售員：「先生，我已經給您最優惠的價格了。像您這麼有身分的人，不會為了幾塊錢討價還價吧？」

對方想到自己的身分和地位，可能就會打住了。

誠懇告知法

有些顧客雖然產生價格異議，但也是通情達理的，比如知識型顧客等。此時，推銷員可以誠懇告知：

「小姐，每個公司在價格上的策略是不一樣的。我們這裡制定的價格都是實實在在，非常公道的，我剛才給您的其實已經是本店的最低價格了，這點確實要請您多理解，再低就確實為難我了。」

推銷員：「先生，您是我們的老顧客了，真的非常感謝您對我們生意上的照顧！不過雖然我們在價格上不能再給您優惠了，但無論是在品質或售後服務上，我們一定會竭盡全力地讓您穿得放心。」誠懇地說明原因，顧客也會原諒的。

■ 讓顧客選擇占便宜

占便宜是客戶心裡的感覺。比如：價值 50 元的東西，50 元買回來，那叫便宜；價值 100 元的東西，50 元買回來，那叫占便宜。銷售員要清楚：客戶喜歡便宜，但更喜歡占便宜。當客戶覺得占了便宜，就會爽利地掏錢包。

某透明皂產品在商場促銷，產品分 2 種，1 種是單塊裝，1 種是 2 塊裝，單塊裝 32 元，2 塊裝 69 元。在客戶心理有這樣的思維定式，即 2 塊裝應該比單塊裝便宜，但是現在卻恰好相反，一下子就能吸引客戶的注意。客戶一比較，單塊裝居然比 2 塊裝更便宜，立刻覺得有便宜可占，便決定購買。那一季這個透明皂的促銷效果非常好。

因此，如果顧客堅持要去掉零頭，你可以請他多買 1 件。

■ 算一筆財務帳

顧客要取消零頭，無非是感覺服裝店賺得不少，因此，你可以自暴家底。

「先生，您看我們的服裝標價高，其實，人員開支、房租等花費都很大，再加上長途運輸等，我們的利潤其實很低。」這樣說，也可以打消顧客的念頭。

銷售員和顧客之間也需要互相理解，儘管公司的服裝進價因為涉及到商業機密不便對顧客說出真相，但是如果能坦誠告知服裝店的營運成本，他們也會打消占便宜的念頭。

在購買服裝時，花較少錢就買到划算的服裝，甚至物超所值，是每位顧客正常的心理。再加上個體的顧客和實力相對強大的服裝店相比，是不平等的關係，因此，顧客難免會提出這樣那樣的降價請求。對此，銷售員要分清不同類型、不同消費能力顧客的心理，採取不同的方法說服他們成交。

6 對價格異議不必大驚小怪

不論顧客以什麼方式討價還價，都是銷售員經常會遇到的問題。處理這個問題確實有一定的難度。如果不讓，顧客心裡不高興，覺得銷售員未免太死板，一點商量的餘地都沒有；如果讓了，公司的利益會受到損失，且若讓的太多，顧客又會覺得服裝品質可能很差，甚至會影響公司誠信。因此，讓還是不讓呢？怎麼讓、何時讓、讓多少，這些都是讓銷售員傷透腦筋的。

俗話說：「公說公有理，婆說婆有理」，購買服裝時，每個顧客都希望買到品質好，又符合自己穿著品味的服裝。但是，服裝不是為每個顧客量身訂製，再加上顧客對服裝的流行款式等不夠專業，因此，當服裝本身的品質或價格等方面與顧客的要求有出入時，顧客難免會提出異議。再者，由於顧客自身的購物習慣、經濟水準、認知能力、不同經歷等主客觀

原因，也會提出各種不同的異議。

★ **購物習慣**：每個顧客都有自己的購物習慣，也往往會對自己所擁有的豐富消費經驗極其自豪，如果服裝銷售員的銷售行為與顧客長期形成的購物習慣和消費經驗不一致時，顧客就會提出反對意見，從而增加銷售的難度。

比如：「混棉的沒有純棉的透氣吸汗，怎麼比純棉的價格還高？」

★ **消費知識**：顧客缺乏服裝質料知識，或是服裝銷售員不能詳盡地介紹服裝款式、特點，同樣會讓顧客提出異議。

「什麼？這種質料又薄又軟，根本不耐穿，哪裡值這麼多錢啊！」

★ **支付能力**：即顧客因沒錢購買，或服裝的價格與顧客的心理期望價不符而提出的異議。但對於此類異議，顧客通常不會直接表現出來，而是間接表現為對服裝價格、品質、款式或服務等方面的異議。

★ **心情不好**：顧客的心情也是產生顧客異議的原因，當顧客心情不佳時，即使想成交，其購物情緒也會受到影響，而故意提出各種異議，甚至惡意反對，有意地阻止成交。

★ **藉口推託**：並不是所有的異議都一定找得出原因，也許那只是顧客的藉口、推託之辭，不想花時間與服裝銷售員洽談。

俗話說「嫌貨才是買貨人」。根據美國某項調查，和氣、好說話的顧客，只占銷售成功的15%。也就是說，那些沒有提出異議的顧客，並非真正的客戶。如果顧客對服裝不感興趣的話，他才懶得提出異議呢！因此，可以說，提出各種疑慮或不同意見，恰恰說明了顧客對服裝有渴望和需求。

任何顧客在購買時總是希望能百分之百地相信物有所值。撇開那些時尚品牌的高檔服裝不說，就以普通服裝而言，試想，雖然一件普通服裝的價格也許並不高，但是，顧客在購買時，也會面臨各種風險，如果只是貪圖便宜，沒穿幾天就破洞或掉色，錢不就浪費了？如果是高檔服裝，沒洗幾次就皺巴巴的，心情會更加鬱悶。何況，這種情況又不是沒有出現過，因此，他們當然會關注，避免日後出現不必要的麻煩。因此，銷售員沒必要為此煩惱不安。

本來，人們在購物時，總會盡量追求「物美價廉」，再加上店家也一再吹噓自己的商品符合標準，因此，顧客就抱著一定要買到「物美價廉」服裝的目的。在這種心態下，提出價格異議不是很正常的嗎？

因此，不論是什麼原因引起顧客的價格異議，銷售員都要擦亮慧眼，面對顧客的異議，化解顧客的顧慮，打消他們的懷疑才是關鍵。

■ 辨清真異議和假異議

有些顧客產生價格異議時，會採取行動，直接提出不同意見、反對觀點等。另外一些是不採取行動，把異議藏在心裡。這類顧客明明就是本著自己看好的服裝而來，但是他們也要虛晃一招，或雞蛋裡挑骨頭，想達到降價的目的。

有位買西裝的先生就是這樣：

顧客：「這個牌子怎麼沒聽過，居然賣這麼高的價錢？」

銷售員：「XXX 是國際知名品牌，因為它剛剛進入我國。」

顧客：「誰知道是不是真的？」

銷售員：「如果您不信任的話，我可以幫您介紹其他幾款看看？」

顧客：「……這沒個必要，你要是打折，我就買！」

上述情景中，我們可以明顯地看出，這位顧客先後提出了 2 個異議（品牌知名度不高、我不想買），其實都是託辭。如果服裝銷售員認為這

就是他不想購買的理由，而努力去反駁的話，那就大錯特錯了。因此，服裝銷售員應先揣測顧客的真實想法，以便對症下藥。

■ 打消顧客的疑慮

如果說顧客嫌價格高，那麼，店家降價優惠後，顧客應該稱心如意了吧？非也！顧客又有話說了：「啊！你們現在都可以打1折了？這麼便宜，會不會沒穿2天就壞掉了啊？」這真是令銷售員大傷腦筋。本來，打折促銷的原因有很多種，而這次打折的原因也許是換季大促銷。可是，店家的這些行為，顧客怎能得知？

店家不是慈善機構，是要追求利益的，首先他們要考慮的是生產製造銷售服裝的成本，而不是從顧客的消費角度出發。再者，服裝的價格本來就是不透明的，也無法透明，因為涉及到商業機密。因此，在這種情況下，你可以告訴顧客：「小姐，關於品質問題您大可放心。做活動之前，這些都是最多只能打9折的正品呢！」

成交本來就是從顧客的異議開始的。雖然讓顧客產生異議的原因有很多，但是，如果把產生異議的責任全部推在顧客身上，顯然是錯誤的。

每位顧客都有自己的觀點，都有自己的審美角度。因此，服裝銷售員必須先尊重顧客，從顧客的價格異議中了解到他們的真實想法，妥善處理顧客所提出的任何異議，並迅速調整自己的銷售策略，這才是化解價格異議的正確方法。

7 著眼於價值，淡化價格

在銷售中，銷售員經常會遇到有的顧客看到滿意的衣服，直接就問：

「這件夾克多少錢？」

「這條牛仔褲怎麼賣？」

當銷售員回答價格後，馬上接到的就是顧客對價格提出的異議：「怎麼這麼貴？」

一些銷售員面對這種情況，通常會有錯誤的回答：

「這個價格並不貴啊？我們的價格很優惠了。」

「您去看看，某商場跟我們是同一個牌子，他們價錢更高。」

「您看，我們可以給您打 8 折，怎麼樣？」

可是，打折後顧客並不滿足，還是繼續要求降價。於是，銷售員和顧客一直在價格上爭來爭去。

顧客選購服裝的過程其實就是一個不斷權衡、不斷取捨的過程。在這個過程中，不管顧客對服裝本身是否滿意，總會在價格上有所挑剔和不滿。因此，價格異議一直讓所有的服裝銷售員都深感頭痛。此時，銷售員不要陷在價格的泥淖中無法自拔，更不要和顧客討價還價、爭論不休，可以換個角度思考，引導顧客著眼於價值，淡化價格。

本來，服裝的優點和價格是成正比的，應該分別放在天平的兩端來稱量。只是，顧客大多對服裝的流行趨勢、質料製作技術等方面了解甚少，因此，總是只盯著價格這邊。對此，銷售員要引導他們多著眼於服裝的價值，即服裝的優勢，以及能帶給客戶的利益及優惠，這樣做可以很大程度的削弱客戶對價格的關注。

有位顧客來買毛衣，他說鄰居買的款式和店裡的一模一樣，但是價格

很低。他不明白為什麼同一款式的毛衣價格差別那麼大？因此，堅持要和鄰居買的相同價位才肯接受。

這時，銷售員解釋說：「這位先生，您可以試穿一下，也可以把鄰居那件拿來比一下。毛衣雖然都是同一款式，看起來似乎沒什麼差別，但是，質料不同，混紡的價格自然會比純羊毛的便宜很多。因為混紡的在手感、保暖度和挺拔性上都會比純羊毛的差。而且，洗過後，混紡的會比純毛的粗很多。」

看到顧客在專心聽自己解釋，銷售員又說：「不信，您可以問問鄰居水洗後的效果。像我身上這件純羊毛的，穿了 2 年，洗過幾次，手感依然很好。」邊說邊讓顧客感受一下。顧客明白了純羊毛的價值後，毫不猶豫地挑選了。

所以，銷售員在和顧客的價格談判中，不一定都要在價格上爭來爭去，要談價值！讓顧客明白自己看上的服裝好在哪裡，能為他們提供什麼與眾不同的價值？

可能，有些銷售員會說，我們銷售的又不是什麼高檔服裝，這種中檔類型的滿街都是。在當前的市場體制下，薄利多銷已經成為潮流和口號。你不接受「微利」，其他店還會忍痛「放血」呢！的確，在產品同質化嚴重的情況下，同行之間不可避免地會打價格戰。價格戰成為近年來各商家、各企業的殺手鐧，顧客也喜歡這一點。與此同時，價格戰也成了企業的心病。不打，擔心銷量上不去；打了，銷量提高但利潤卻不見增加，還可能是負增長。但是，即便如此，一味降價也並不可取，這只能暫時符合顧客圖便宜的投機心理。一旦你的價格不能再降，顧客還是會離去，令覓其他能夠滿足他們低價位的商家。而且，價格戰不但兩敗俱傷，也會影響店鋪的誠信形象，其他曾經高價購買的顧客，在得知你的不斷降價後，也會憤而離去。

其實，與價格相比，消費者更重視價值。在目前生活水準提高的時代，服裝早已超越了僅僅是取暖、避寒、遮體的實用功能。因此，銷售服裝，與眾不同的價值才是首選。

況且，即便是同質料、同款式的服裝，只要不是同廠商進貨，製作技術也有與眾不同之處，穿在顧客身上的效果就會不一樣；而且，即便是同一廠商的產品，如果品牌不同、銷售的時機不同，價格也不同。因此，要提高服裝的銷售率，重在價值。一旦高價彰顯了上乘的品質，顧客會毫不猶豫地選擇好的品質。此時，你可以抓住時機，告訴顧客：「既然我們提供給您的是高價值商品，那麼我們報的高價就恰如其分。」

顧客當然明白一分錢一分貨的道理。他們也更明白，與其買低價但自己不滿意的服裝，不如買貴一點但自己非常滿意的。所以，強調價值是銷售員推銷的核心內容。因此，有經驗的店員面對顧客提出的價格異議，一般會採用以下的回答：

「價格方面我肯定會滿足您。我們先看看衣服是否適合您。服裝與您的氣質相符，這才是最重要的。如果不合適，再便宜您也不會買，您說是吧？來，您先穿上感覺一下。」

「俗話說：一分錢一分貨，價格上一定是物有所值。我們的定價是根據衣服的款式、品質和售後服務制定的。價格不是唯一的考量。再說，買衣服最重要的是買款式，過時的衣服再便宜您也不會買，您說是嗎？」

不論是轉移話題還是坦誠相對，使用這 2 種方法的前提是認可顧客，不管顧客說什麼，我們均應先認可，然後再根據具體情況採取措施。

有些銷售員可能會遇到天生的殺價狂，這種顧客無論得到什麼樣的價格都會覺得高。面對此類顧客，應以價值攻其心，然後再介紹價格的構成。這樣會讓顧客理性思考，而不是一門心思只在講價上。

任何服裝的銷售，都會遇到價格問題，因此當顧客談價格時，我們永遠不要談，只談兩個字：價值。

並非所有顧客都是可以被價格輕易吸引走的。當顧客在我們的引導下，從關注價格轉移到試穿、款式、質料等價值上去，讓顧客認識到服裝的價值時，成交就是水到渠成的事情了。

8 化險為夷，處理異議

在推銷過程中，顧客最常見的異議就是價格異議。顧客在購物時，價格是他們最關心的要素之一，所以因價格引起的異議是很常見的，顧客永遠都希望花最少的錢購買到最好的產品。

既然顧客的討價還價不可避免，那麼銷售員應該如何應對呢？如果處理不當，就會影響交易的進行。因此，要切記：

■ 不要太早進入價格談判

某天，一位年輕人來到某家衣著專賣店，他看到一條膝蓋上有破洞的牛仔褲，便開口詢問：

「老闆，這條褲子多少錢？」

「2,800。」

「1,800 賣不賣？」

「開玩笑？這是時尚產品，在國外很流行呢！」

「賣就買，不賣就算了。乾脆點！」年輕人轉頭想走。

「再加一點吧！ 2,300 ？」

「一點也不加了，我這個價錢已經很合理了。」年輕人的腳已經跨出門外。

「哎呀！別急著走啊！生意不都是談成的嗎？您看看，我們這可是正宗品牌。」

「再正宗，我買不起也沒用。」年輕人邊說便往外走。

「回來，回來，就照您說的，算您運氣好，我剛開張，圖個吉利。」

大概這幕場景我們經常會遇到。假如你是顧客，遇到這樣的老闆，當你要付錢時，甚至還會擔心價格是不是太高了？說不定 1,200 也可以成交呢？

許多顧客在購買服裝時，都會開口先問價格。目的就是問了價格後好殺價。其實，在顧客的購買意願還沒有形成之前，談論價格是沒有意義的，完全就價格談價格，是無法說服顧客的，反而會被顧客說服。因此，銷售員遇到這種情況時，千萬不要因為顧客有價格異議，就忙於降價或介入價格糾紛，要多利用時間讓顧客體驗服裝的價值。當服裝的價值充分表現出來了，顧客對服裝依戀不捨時，就會減輕價格問題的壓力。

假使顧客問到了，也要盡量拖延。比如，可以說：「沒關係，價格一定會讓您滿意。我們先看看您喜不喜歡。如果喜歡的話，它就很有價值；如果不喜歡的話，再便宜您也不會購買。不是嗎？」透過這個戰術，銷售員可以繼續為顧客介紹。

如果顧客迫切地希望知道價格，銷售員也要採靈活的方式回答，然後盡快地將話題轉換到其他方面。

■ 直接反駁法

當遇到顧客對價格提出質疑時，你也可以直接反駁。

比如，當顧客問：「你們專賣店的服裝怎麼比其他連鎖店貴啊？」

顧客也許是記錯了，也許就是虛晃一招，讓你降價。此時，不明白原因的銷售員可能會說：「是嗎？這個情況我確實不清楚。等我問過管理人員再回答您，好嗎？」這等於默許了顧客的看法。

對於這種情況，可以直接反駁。比如：

「我想您可能記錯了，我們全國各個連鎖店的價格都是統一的。這是我們的服裝價格表，請您過目。」直接反駁最重要的是，拿出真憑實據。比如「服裝目錄表」、「統一價格表」等，這樣顧客就會取消懷疑或不再無理取鬧。

直接反駁，畢竟要與顧客正面交鋒，容易陷入與顧客的爭辯，因此，這種方法最好用於顧客不明真相的揣測陳述。對固執己見、氣量狹小的顧客，最好不要使用這種方法。

為了避免觸怒顧客或引起顧客的不滿，服裝銷售員應態度誠懇、面帶微笑，切勿動怒責備顧客，切勿傷害顧客自尊，讓顧客感覺服裝銷售員是在諷刺挖苦自己。

■ 大吃一驚

有些顧客是討價還價高手，對於你的報價總會大殺特殺，甚至會出乎你的意料。遇到這種情況，你不妨「大吃一驚」，用誇張的語氣和表情表現你的不可思議。

「什麼，這位先生，您光天化日之下要『搶劫』啊！」、「這位太太，雖然您購物經驗豐富，可是您的價格確實有點太離譜了，多虧我心理承受度強，如果是個心臟病人，說不定真會發作呢！」

顧客看到你確實無法承受，就會收回他們的降價要求。

■ 底牌法

當你報價後，常常有顧客發出這樣的質疑：「怎麼這麼貴啊？能不能便宜點？ 這件衣服再算便宜一點，我就買了。」

銷售員：「真是不好意思，這位先生，您需要精打細算，我們也同樣需要。實話告訴你，這款服裝是 XX 進口的。要不是沒剩幾件，才不會賣這個價位呢！不信，您可以到其他店家看看，有沒有這麼低的價位。」

■ 以權限受到限制拒絕

另外，銷售員也可「以權限受到限制」來委婉拒絕顧客。比如：

「對不起，這個已超出了我的權力範圍，請見諒……」等。

這種拒絕技巧委婉地告訴客戶，他的要求已經不屬於你能同意的範圍。這樣既能對客戶表達出拒絕，又能取得他的諒解，而且在拒絕的過程中，使用委婉的詞語，從而減弱他的不滿情緒。

■ 十八般武藝綜合運用

有時候，要說服那些特別愛挑剔的顧客，都用同樣的方法，會收不到明顯的效果。這時，你就可以把自己的「十八般武藝」都搬出來，綜合運用。

有某位顧客一進店裡就挑毛病，一會兒說價格高，一會兒又說看不出這衣服哪裡好……，結果，面對這個百般挑剔的顧客，最終服裝銷售員居然說服了顧客成交。請看實例模擬：

顧客：「3,680 元 1 件？這西裝的價格也太高了，去年我買過這個牌子的，才 1,200 多元。總不會 2 年就翻幾倍吧？」

推銷員：「這位先生，您的記性真好！去年我們這種款式的西裝確實在 1,500 元左右。可是，那種西裝質料、手感粗糙、厚重，而現在的質料、手感光滑、細膩。您摸一下，是否有同感？」說著銷售員把西裝遞過去。

看到顧客在摸這種質料後似乎有點認可，銷售員又不失時機地說：「這種質料穿起來也輕薄柔挺，灑脫自如，完全不是 1 年前那種厚重硬挺的感覺。別說像您這樣有身分的，就算是普通人也會購買。」

解決了質料的異議後，顧客又發出質疑：「看不出這西裝好在哪裡啊？」

推銷員：「我們的西裝是立體裁剪的，掛在展櫃裡可能確實不容易看出這些優點。如果我找一套穿在您的身上，您就會明顯地感受到。」

等顧客試穿後，銷售員又不失時機地介紹服裝的特點：「您看，我們的西裝肩部寬闊平整，後背非常貼體，不會後翹……，穿在身上就能把男士穩健、硬朗、挺拔的形象展示出來了！」

顧客聽銷售員這麼說，仔仔細細地左看右看，最後終於得以確認。

服裝銷售員要說服顧客，既要掌握服裝知識，還要了解顧客心理，需要把這些知識融會貫通、靈活運用，因此，沒有「十八般武藝」是擺不平的。

雖然價格是成交的最後一關，但是，顧客的價格異議是「危」也是「機」。只要服裝銷售員掌握好處理的方法，解決顧客的異議，就極有可能達成交易。

第八章
服裝品質異議巧妙處理

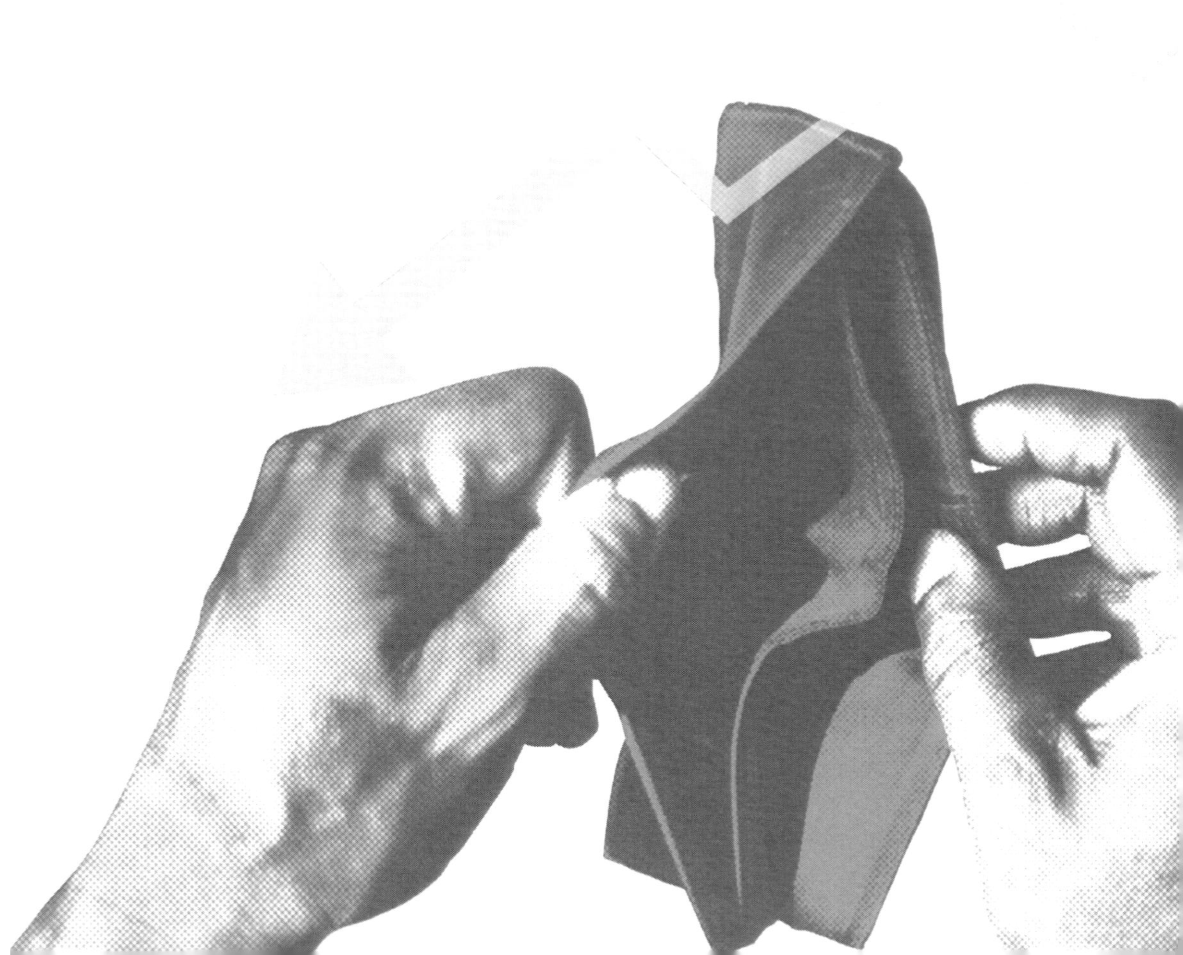

在顧客的諸多反對意見中，擔心服裝的品質不好是常見的反對意見。

顧客的這種疑慮，也許是由於對服裝的專業知識不了解，但也可能是顧客的一種藉口。不論是哪種情況，如果銷售員不重視，對此沒有進行及時的引導，也會讓顧客失去購買的信心。因此，銷售員要掌握介紹服裝品質的技巧，既不能用太多的專業術語讓顧客產生晦澀難懂的感覺，也不能讓顧客認為是矇騙他們。要站在顧客的角度，從他們的認知水準出發，巧妙地打消顧客的質疑，順利促進成交。

1 不是純棉的，我不喜歡

小張是男士襯衫銷售員。這天，他遇到一位年輕人來買襯衫，小張急忙介紹：「先生，您需要買襯衫嗎？」

顧客問：「有純棉的嗎？」

小張回答說：「有，這是純棉的，既暖和又透氣。」

年輕人看了一下，又仔細翻看商標，清楚地看到含棉成分 60%。年輕人很生氣，堅決拒絕購買。

小張急忙解釋：「這種質料摻進了一點聚丙烯腈纖維，牢固筆挺不易掉色，免燙容易清洗，穿著比純棉更加舒適，更加方便。再說，這種貼身的版型設計在男性朋友中備受寵愛。」

可是，不論小張怎麼花言巧語，年輕人就是不買。

小張很納悶，這位顧客為什麼非要 100%純棉的呢？

在平時的銷售過程中，許多銷售員可能也會遇到像小張這種情況，顧客會因為不是純棉的衣服而放棄購買。此時，你應該怎麼應對？

貶低法：「哎呀！現在都什麼時代了，許多新質料比純棉的更好。純棉的容易縮水、掉色，折疊起來也容易皺。」

比較法：「您看，我們這些質料穿在身上，比純棉效果還好。雖然不是純棉的，但一樣很透氣。」

放棄法：「對不起，我們這裡沒有您要的衣服，您可以去其他地方看看。」

以上這些都是錯誤的應對方法。

「純棉容易縮水、有皺痕，也不好打理」，似乎是懷疑顧客的眼光，故意和他唱反調，讓人感覺不舒服。

「我們的質料比純棉還好」，這種說法沒有從專業角度做出更合情合理的解釋，顯得牽強附會。

「您可以去其他地方看看」，則是對顧客的說法無可奈何，放棄做出任何解釋與努力。

面對顧客有異議時，如果推銷員貶低顧客的挑選標準，而自顧自地抬高自己的商品，並不是可行之策。顧客都有自己的購物習慣，他們對某種商品情有獨鍾自然有他們的道理。如果推銷員不承認他們的眼光，試圖按照自己的意見去說服他們，只會招致顧客的反感。因此，先認可，認可顧客的購物習慣，認同對方觀點，並學會讚美對方，這樣可以讓他感覺更舒服，也更容易接受你的說法。

但是，認可並不是對自己的商品失去信心，進而無可奈何。如果推銷員連自己都沒自信，表現出目光游移不定、語無倫次或急躁不安的樣子，顧客自然會失去購買的信心。

每種材質的服裝都有自己獨特的優點，正因為顧客生活在以往的購物習慣中，因此，推銷員才需要對他們進行引導，而不是自愧不如。如果推銷員能端正自己的角色，用專業自信的表現、速度適中的語言，和真誠坦然的態度來面對顧客，往往能夠贏得顧客的好感、信任，進而接受你的介紹和推薦。

在上述案例中，小張可以按照如下思路處理：

■ 步步為營法

想說服顧客先要認同顧客，那樣顧客才會覺得有面子，才肯與你溝通，接下來你才能把自己的想法滲透到顧客的頭腦裡。

「先生，您說的很對，純棉吸汗透氣、穿著舒適，確實一般顧客都比較喜歡純棉襯衫。」同意顧客的觀點，顧客才會聽你說下去。

接下來，應該介紹自己服裝的特點。

「雖然我們這款襯衫不是100%純棉，但根據消費者的意見，廠商對純棉質料進行改造。在材質裡加入了XX%的純棉成分，加入XX%的……成分，因此，這種質料穿起來既有純棉的透氣、舒適優點，洗後還不容易掉色，打理起來比純棉質料更輕鬆、更方便。」

為了加強說服力，你還可以這樣補充：

「許多人試穿後感覺效果確實不錯，都再來購買了。因此，我建議您也試穿一下，感受看看是否像我說的那樣。如果滿意，您再做決定不遲。來，這邊請！」

這樣說，既介紹了服裝的特點，也讓顧客在試穿中親身體驗到材質的優點，也許就能改變他們的購物習慣。

本來，現在的新質料層出不窮，可是，顧客對此並不了解；再加上現在成衣普遍，許多消費者都是直接購買，很少有買材料訂做衣服的。因此，對質料的知識更是知之甚少；或者即便了解，也是停留在以往的認知水準上。在這種情況下，更需要銷售員對顧客進行專業性的解釋和引導。

■ 幫助顧客改變穿著習慣

在顧客試穿後，有些人可能對新材質一時不適應，會提出質疑。有些顧客試穿後發現，與純棉的效果不同，或許會產生疑問 —— 是否值得購買？

此時，千萬不能這樣對顧客說：

「不會呀！我們這種材質的服裝，怎麼會不舒適呢？」

「我們接待過很多顧客，從來沒有人提過這種問題。」

第 1 種說法沒有任何說服力，第 2 種說法似乎是嫌棄顧客無理取鬧。這種說法會讓顧客感覺自己被認為是另類、怪異的。

因此，針對顧客的疑慮，可以這樣解釋：

「是啊！您以前總是用某家公司的產品，所以沒有機會對我們公司和產品進行相應的了解，更無法從中進行全面的比較。其實，如果您對我們公司有所了解的話，就會發現，我們無論是出色的產品品質，還是優秀的服務，都會讓您更加放心。」

「這件襯衫加入了一點麻紗成分，您穿起來雖然不像純棉這麼貼身，但是會非常涼爽。」

或者「這件襯衫加入了一定的混紡成分，穿起來非常筆挺。剛開始您可能會不習慣，但穿起來效果確實不錯。您以後會更加感受得到。」

這樣說，既消除了顧客的疑慮，也增加了顧客購買的決心。

顧客花費自己的精力和時間來到服裝店，就是為了買到喜歡又稱心如意的服裝。在他們面對新款式、新材質時，往往舉棋不定。因此，許多人還停留在以往的購物習慣中，這正是需要推銷員引導的部分。

推銷員就是為顧客出謀劃策，引領顧客接受新材質、新款式。因此，只要站在顧客的角度，真誠而有策略地承認自己產品的不足，且詳細為他們解釋新材質的優越之處，就可以打消顧客的顧慮。

2 不能水洗，我不要

在某家羊毛衣店，有位顧客正在向同伴抱怨說：「上次在這家店買了一件羊毛衣，還滿貴的，回去過水後，衣服就皺皺的不好看了。」

這樣一說，本來想購買羊毛衣的同伴信心大減，驚訝地說：「不能水洗？ 3,000 多塊錢的東西若每次都要乾洗，多麻煩啊！」

一般遇到這種情況，許多銷售員都會自覺理虧，為了避開顧客舊事重提，會引導顧客看其他款式和品質的毛衣，或做出如下的錯誤應對：

「現在比較好的衣服都要乾洗。」

「那您看一下其他品質的吧！」

「現在比較好的衣服都要乾洗」，這種說法讓人感覺顧客沒有見識及品味，不懂得好衣服需要乾洗的道理。

讓顧客看一下其他款式和品質的毛衣，相當於默認顧客的要求，而放棄做出引導顧客的努力。

這 2 種說法都沒有解決顧客的問題，也貶低了自己服裝的品質。如何有效地解決顧客的疑惑，就直接關係著銷售業績的提升。因此，千萬要注意自己的說辭，不能出現以下這些情況：

「不會，這款質料從來不會出現這種情況。」

「這很正常，這種情況難免都會有。」

「您洗的時候稍微注意點，應該不會出現這種情況。」

「不會，這款質料從來不會出現這種情況」，這個回答除非對質料有 100%的把握（事實上純棉的衣服幾乎沒有廠商敢這麼保證），否則推銷員就是在替自己日後製造麻煩。

「這很正常，這種情況難免都會有」，這麼說會降低顧客購買的欲望與熱情。

「您洗的時候稍微注意點，應該不會出現這種情況」，這種說法缺乏足夠的自信、語言模糊，容易讓顧客對衣服及推銷員產生不信任感。

對此，優秀的銷售員會有一套成功的解決之道。

在上面案例中，銷售員小玲看在眼裡，急忙走過來說：「阿姨您好，謝謝您再次光顧本店。請問您之前買的是哪一款的呢？」

顧客指著其中一款咖啡色的回答：「就是這款啊！洗起來好費事。我買的時候，你們售貨員也沒說清楚。我洗過一次，又皺又變形，根本無法穿了。」

小玲聽後，仔細詢問道：「阿姨，這款是純羊毛的，所以打理起來會有點繁瑣，請問您是怎麼洗滌的呢？」

「倒進洗衣粉，就用洗衣機洗呀！」

「原來是這樣，對不起，阿姨，我先代表銷售員向您表示歉意，我們服務不周給您添麻煩了。阿姨，以後我建議您改用手洗，用 30℃左右的溫水，最好用不含護髮成分的洗髮精，這樣洗出來的毛衣不僅柔軟蓬鬆，而且還有香味。晾晒的時候最好平攤在晾衣籃裡，就不會變形了。您那件洗變形的羊毛衣可以裹在乾淨毛巾裡，放進鍋子蒸 10 幾分鐘，晾乾後就會恢復原狀了。如果您擔心自己不好處理，我可以幫您恢復。」

顧客：「要打理純羊毛的毛衣好麻煩啊！」

小玲：「阿姨，羊毛衣的保養的確滿麻煩的，但是保養得好，一件羊毛衣可以穿好多年，而且穿在身上又保暖、又輕便，很高貴。您看這件大紅的，真的很襯膚色，看起來年輕好幾歲呢！我拿件中尺碼的給您，您試試看？」

在顧客穿完感覺滿意後，小玲又補充道：「以後穿的過程中有什麼疑

問，歡迎您隨時過來諮詢。」

顧客：「好的。」

對待這種情況，首先要承認顧客質疑的合理性，因為並非所有的顧客都細心、細膩，都善於打理家務；也不是所有的顧客都有空閒時間去打理。然後強調其實乾洗沒有想像中那麼麻煩，詳細給顧客介紹水洗的常識。但也不要太專業、太詳細，讓人一頭霧水。如果過於詳細地介紹洗、晒、穿時的注意事項，會讓顧客感覺穿純棉的衣服真的太過麻煩，尤其是男性顧客非常討厭這一點，故這種方法也會降低衣服售出的機率。所以關鍵的幾點說到即可。

如果顧客因為時間關係，確實需要乾洗，可以向他們推薦乾洗常識。比如：「送乾洗好像很麻煩，但是，您不需要專程送去，您只要在出去買東西時順便帶著就可以了，而且好多乾洗店還會負責把洗好的衣服送回給顧客，比自己洗還方便，省得晾晒。」

另外，對於那些比較喜歡買簡單、好打理衣服的上班族來說，可以建議他們看風格類似但質料不同、打理起來方便的款式。

總之，賣服裝既要將打理、洗滌等事宜都介紹清楚，更要因人而異，千萬不要因服務細節不夠完備而讓顧客打消購買的願望。

3 這種布料材質很難打理

在銷售服裝的過程中，許多顧客在成交的關鍵階段，會問到許多服裝的打理事宜。比如，衣服是否會褪色、縮水及起毛球、變形等問題，可以說是銷售員每天都會遇到的問題。但這類問題一直都沒有得到很好的解決。當顧客感到打理麻煩後，也會取消購買的信心。

比如，銷售員遇到這類問題，通常會這樣回答：

「是嗎，起毛球、縮水？不會吧？」

「這種質料保養不好就會這樣。」

「這種狀況我以前沒有遇到過！」

「是嗎，起毛球、縮水？不會吧？」，這完全是以懷疑和不信任的口吻去質問顧客，可能將問題複雜化。

「這種質料保養不好就會這樣」則暗示顧客質料之所以出現問題，是顧客自己不會打理引起的。

「這種狀況我以前沒有遇到過！」等於質疑顧客是無理取鬧。

銷售員要清楚顧客是來買衣服的，他們的質疑也是因為不相信服裝的品質而引起的，絕不是故意製造麻煩。因此，你可以選擇相對比較容易處理的問題加以合理解釋，然後迅速地繞過問題點，積極推薦其他衣服。

一般來說，採用以下方式是比較適宜的：

■ 詢問法

「這位先生，請問您的衣服起毛球、縮水的現象是怎麼發生的呢？」

讓顧客說完後，可以這樣回答：

「這種毛衣質料和其他材質比起來是有一點特殊，因此在打理上更要注意……方面的細節。其實只要稍微注意一下，這種質料的服裝優點都可以顯示出來。」

「是這樣的，只要是好一點的純毛衣，都會有一點縮水的現象，只要在國家規定的標準內，都屬於正常的。所以一般來說，我們都會建議顧客買大一點的尺碼，這樣就會剛好合身。」

■ 給信心不給承諾

提供足夠確鑿的事實與證據，用自信的姿態讓顧客感覺到這個問題其實不用擔心，但不要明確告訴他到底是否會褪色，以免斷了自己的後路。

「先生，您對買衣服還滿在行的，您這個問題問得非常好。偶爾出現的褪色問題讓人覺得很不舒服。不過，先生，我可以負責任地告訴您，我賣這個品牌已經 5 年了，還從來沒有出現過這種情況。」

「其實每一種質料的質地和整理方式都不太一樣，有些款式的服裝為了凸顯特色，所以採用某種特殊的染色技術，因此有些掉色是正常的，這樣會讓色彩看起來更自然。您放心這是正常狀況，如果真的是品質問題，我們一定會幫您完滿服務的！」

■ 弱化問題並轉移矛盾

推銷員要學會揚長避短、轉移矛盾。因為考慮到顧客提出的問題對銷售是相對不利的，所以推銷員應該簡單帶過該類問題，並迅速主動地將焦點轉移到其他話題上，比如衣服是否適合、衣著效果和試衣事宜等。

「請問小姐，您今天主要是想看……，我可以幫您提供一款大型號的。」

■ 抓住時機介紹

當對方確定要購買這件衣服並付費後，推銷員再用簡潔的語言幫他介紹衣服的保養事項，這樣更容易提高成交率，且顧客也會更加感動。

「其實每種質料的保養方式和穿著方式都是不一樣的，尤其像我們這種質料。所以您在保養和穿著上最好可以……。」

「您放心，我示範一次給您看。除了我剛才的介紹外，還有完整的洗滌、保養等注意事項說明。我們一定會解決您的顧慮的。」這樣的話語能增加顧客對產品的信心。

有關衣服縮水、起毛球及變形等問題，面對顧客的異議，即便知道他將要說什麼，也不要試圖打斷他，要認真聽取顧客在購買時所關心的問題。

只要推銷員熟悉以上 4 點內容，且正確熟練地背誦和運用這些語言模板，做到熟能生巧，就一定可以大大提高處理該類問題的能力，並同時提升店鋪的銷售業績！

4 這種高檔品牌居然還有線頭？

服裝賣的是現貨，現貨就是要讓顧客能看到、摸到、感覺到。顧客的眼睛是雪亮的，有些服裝品質問題可能他們不在行，短時間內也看不出來，可是，明顯製作技術上的缺陷，卻瞞不過他們的眼睛。

在購買服裝的過程中，特別是購買高價位的品牌服裝，一般顧客都會精挑細選，從款式到品質、製作技術等。如果發現有線頭，顧客當然不滿意。

可是，在有些銷售員看來，這確實不算什麼毛病，因此，他們常常會這樣應付顧客：

「現在的服裝都這樣，你挑得也太仔細了！」

「這種小問題不算什麼，剪掉不就行了？」

「我們每天賣出去成批的服裝，但沒有人提出這樣的問題。」

對於顧客來說，買衣服就是買心情，就服裝品質來說，哪怕一丁點細節不完備，也會讓顧客感覺不滿意。如果再加上銷售員滿不在乎的語氣，顧客會感到非常生氣。

如果說是團購，可能是因量大、時間緊迫、採購人員來不及檢查。可是，大部分顧客都是購買單件，他們要求物有所值或物超所值也是情理之中的事情。

因此，在這種情況下，如果確實是銷售員沒有對服裝進行仔細檢查引起的，就要坦誠向顧客說明，勇於承認自己的錯誤。比如，可以這樣應答：

「我太粗心了，謝謝您告訴我這個狀況，我會馬上跟公司反映，立即做出調整，盡量達到您的要求。」

銷售員代表的不僅是自己，也代表店鋪和生產廠商的形象。對待顧客的質疑，良好的態度是最首要的。如果一味地為自己辯護或推卸責任，會讓顧客鄙視我們。顧客會認為這個店鋪不敢承擔責任，生產廠商也不精益求精，從而對服裝品牌產生懷疑，以至動搖購買信心。此時，勇於承認錯誤往往可以獲取顧客的理解，從而讓問題變得更加容易解決。

當然承認錯誤也有技巧。就本案而言，推銷員首先應該真誠地感謝顧客提出的建議與意見，將顧客由批評者轉變成建議者和朋友，同時迅速地將話題的焦點轉移到請顧客試衣上，畢竟線頭的問題對我們是相對不利的，因此要避免在此糾纏。

以下這樣的應答就可以巧妙地轉移話題：

「由於我的工作疏忽，給您添麻煩了！謝謝您告訴我這個情況。我幫您換另一件試試吧！您今天除了看外套，還需要看點什麼嗎？來，這邊請……」。

5 我不喜歡這款衣服，不夠時髦

隨著人們生活水準的提高，對服裝的要求也越來越高。服裝的賣點已經從品質，轉變重點到款式上。千姿百態的款式正成為服裝價值的重要組成部分。同樣質料的服裝，款式新穎，價格就高；款式陳舊，即使價格低廉，也往往遭到冷落。

這種對款式的追求，不僅表現在年輕人身上，也表現在不甘落後的老年人身上。

春節臨近，不少老年人也想買些新穎的衣服，但是，逛遍大小服裝店，他們卻發現，到處都是年輕時尚的服裝，屬於老年人的卻是鳳毛麟角。僅有的那些服裝店，老年人服飾樣式也十分陳舊。

一位 70 多歲的長輩，好不容易看到一家中老年人服裝店，便走進去。挑了很久也沒挑到喜歡的。她發現款式和家裡的都差不多，總是寬鬆、休閒，幾乎沒有什麼新款。為此，她埋怨：這些衣服都太老氣了！店家怎麼就不為老年人也設計一些時髦新穎、實惠的漂亮款式呢？難道老年人被服裝界遺忘了嗎？

的確，一些經營服裝店的人士認為：老年人大多比較節儉，有的長年難得添置衣服，或只買很便宜的，總體消費市場不是很活躍，銷售老年服裝很容易存貨，從而造成老年服裝款式難有新的突破。

身為銷售員，你是否遇過這種情況，你是怎麼處理的呢？

你心裡是否這樣想：老年人的款式不就是寬鬆大方嗎？又不像年輕人還趕時髦！

搪塞一番：「不會的，這款很時髦。許多老年人都喜歡，跟您正好很合適。」

赤裸裸地直接反駁顧客：「款式怎麼會陳舊呢？我接待過那麼多顧客，從來沒有人這麼認為。」

本來顧客就覺得這款衣服老氣，但推銷員還這麼說，給顧客的感覺就是在自說自話！這種搪塞或直接否認，沒有任何說服力。

身為銷售員，首先要轉變自己的觀念。如今，人們的生活水準提高了，引領時尚潮流不再是年輕人的專利，越來越多中老年人也想趕時髦，展現自我形象。不必責怪老年人的這種心態。正是因為他們年老，才不希望被時代遺忘，才需要從穿著上展現出時代的特徵。正因為他們年老，才沒有子女子孫的牽掛，才可以無憂無慮地享受自己的生活。因此，為他們提供時尚的服裝也是我們的義務。如果進貨確實都是壓箱底的陳舊款式，那麼就確實需要改變觀念了。

至於第 3 種說法更不可取。要知道，銷售的目的是成交，而不在說贏顧客。不能抱著「只有說贏顧客，才能說服顧客」的心理，說服顧客是要以理服人，而不是打壓。因此，身為銷售員，要鼓勵顧客多說話。當顧客願意與我們溝通時，那說明問題其實已經解決了至少一半。只有讓顧客說出自己的內心感受，然後針對其說法再進行解釋，效果才會好得多。

面對老年顧客對服裝款式的質疑，銷售員可以這樣說：

■ 複述顧客的意見

對於顧客提出的異議，在必要時，服裝銷售員可以向顧客重述一遍，並詢問重述是否正確。例如：

「您是說這件服裝的款式不夠新穎，是嗎？」

「您的意思是說這種款式穿在身上有落伍感，是嗎？」

複述問題，表明你在認真聽取顧客的異議，並澄清自己是否明白顧客想要表達的意思，同時也避免了對異議馬上表示肯定或否定。這是服裝銷售員獲取顧客好感的一個好辦法。

■ 請教顧客

「非常感謝您的坦誠。看來，您是位熱愛生活的長輩。請問，您為什麼會覺得這款有點老氣呢？」

這樣就可以了解顧客質疑的真實原因，也便於銷售員進行下一步的引導。

■ 合理解釋

有時，顧客會質疑是因為誤會引起的，此時銷售員要合理解釋，消除他們的誤會。

「哦，原來如此。是這樣的，因為我們服裝店針對的都是中老年顧客，所以設計上選擇了比較普通的款式。但是，服裝的款式是千變萬化的，並非意味著今年的款式明年就一定被淘汰。再說，我們在設計上加入了 XX 元素，這個款式穿起來並不顯老。僅憑直觀地看，看不出效果。您穿上看看，不但不顯老，可能還會顯得更加年輕呢！」

這樣說，先取得顧客的認可，才讓顧客體驗，確實看到穿到身上的效果不錯後，顧客可能都會認可。

■ 改變顧客的購物偏見

由於顧客的消費習慣和消費偏見，不一定能對流行服裝有正確認知，因此，要努力消除顧客不符合實際的偏見，改變顧客心目中的理想服裝款式標準。

比如，當顧客提出「布料還可以，但款式有點好像老」時，銷售員可以這樣回答：「這是它設計的特色之一，是今年最流行的。現在人們都崇尚回歸自然，這種面料就利用了粗糙的亞麻布，再配上自然樸素的清新圖案，讓人們在休閒中身心都得到放鬆。這樣的設計是別具一格的。」

顧客：「原來如此。」

銷售員：「您可以試穿一下，更直觀地看到這種款式與眾不同的風格」。

當然，對於那些確實陳舊的壓箱底服裝，即便銷售員再伶牙俐齒，顧客不認可也不行。那樣的話，確實需要考慮重新進新款式了。

■ 利用輔助宣傳方式

不論是新穎款式，還是一些去年銷售的款式，顧客在做出購買決定以前，會從各種渠道得來的資訊進行分析、評估和選擇，以決定取捨。因此，銷售員可以利用相應的宣傳對策，比如，透過公司的廣告和宣傳報導等輔助宣傳，打消顧客的疑慮。

銷售員一定要明白，服裝的生命週期本來就很短，即便再新潮流行的服裝，也不一定都能暢銷一空，因此，引導顧客的消費觀念，讓顧客購買後「過季不過時」才是最關鍵的。

6 什麼國際品牌，只不過掛個牌子而已

在服裝界，許多賣場的服裝品牌都是外國的牌子，或都是外文的名稱，這些品牌雖然價格不菲，但銷量還是非常好。而一些國產品牌的高檔服裝卻很少有人問津。這是為什麼呢？國際品牌確實有它的獨到之處。進

口名牌服裝和國產服裝，表面看起來差別不大，細微之處還是有差異的。進口名牌服裝更注重細節，如西裝後肩部位，掛在衣架上，會呈現自然的皺紋，穿上身後，肩部可活動自如等。因此，許多服裝商都以銷售國際品牌為榮。

目前在市場上的「外國品牌」服裝主要有三種：一種是正宗的國外品牌，其貿易公司為真正國外品牌的代理，產品並不在國內生產，而是由貿易公司全權代理其進口及在國內銷售；第二種是國外品牌與國內企業合作，在國內貼牌生產，其工藝、質料和設計都是嚴格按照該品牌規範要求進行的，他們的品牌銷售獲得某國公司的授權；第三種是設計、生產、銷售都在國內，這類的公司大部分都是服裝生產公司，名義上是總代理，實際上代理公司就是生產廠商，註冊地註明法國、義大利等等，這種純粹的「註冊移民」，僅僅是在國外註冊了一個外國商標而已。

由於國際品牌的服裝有如此多的情況，因此，一些不明真相的顧客常常會發出質疑：什麼名牌店，不就是假冒的，掛羊頭賣狗肉嗎？

對此，銷售員一般會這樣回答：

★ **搪塞型**：「對不起，先生，我只負責賣貨，其他事情我不清楚。」
★ **證明型**：「我們確實是國際品牌。我們很多材料都是進口的。」
★ **對抗型**：「你怎麼憑空懷疑我們呢？不相信，你可以到別處去買，別詆毀我們的品牌。」
★ **諷刺型**：「您沒聽說過我們這個品牌，真是太遺憾了。電視、報紙上都有報導啊！」

第一種說法，一方面推銷員太不專業，連自己所賣衣服的情況都不知道；另一方面讓顧客感到推銷員有理虧之嫌，彷彿顧客的觀點是對的。這

種銷售是不合格的，給人躲避顧客質疑的感覺。

第二種說法「我們很多材料都是進口的」，解釋並不圓滿，往往會誤導顧客，你們只是進口材料而已，而加工卻是在國內，正好證明顧客的看法——牌子確實是附屬的。

第三種說法極其粗魯，雖然是捍衛品牌，可是，有趕走顧客的意思。如此態度，顧客斷然不會再進你的門。

第四種說法明顯貶低顧客，見識狹隘。這種情況下，顧客怎肯善罷甘休，只能更加激起他們的對抗心理。

那麼，應該怎樣對待顧客對品牌的質疑呢？

遇到這種情況，銷售員可以這樣回答：

■ 用相關資料證明

「這位女士，您對服裝行業非常了解呀！確實就像您所說的一樣，現在有些品牌的做法容易讓人產生誤解。可是，我們的確是與 XX 公司合資的品牌，所以不論是在服裝的款式設計，還是在店面的布置上，都受到國外很多服飾風格的影響，這一點您可能也看到了。」

因為這些都在店面布置中顯而易見，顧客一般都會默認。對於那些對服裝不內行的顧客，你還可以透過資料、影片等讓顧客了解，那些是國外風格的表現。

之後，為了打消顧客的疑慮，你可以進一步說明：「您看，這是我們的證書。如果方便的話，您還可以上相關網站查一下，可以更為詳細地了解我們公司。」

這樣說，比較委婉，既解答了顧客的疑慮，又有充分的證明資料，相信顧客也容易接受。當然，如果你手頭就有現成的介紹資料，不妨給顧客一些，也便於儘早穩定顧客的情緒，幫助他們做出判斷。

當顧客接受你的解釋後，還要進一步引導顧客：「至於是不是正宗的品牌，您可以試穿一下，感覺這種品牌的服裝在製作技術、款式、舒適度等方面和其他品牌是否一樣。」

正宗的品牌服裝和仿冒品牌在用料和製作技術上都會有明顯的不同，所以人們穿上後才會有不同的感受。既然是購買進口品牌，顧客的穿衣經驗也很豐富，因此，在顧客試穿後，如果感覺到和你所說的一致，一般會打消顧慮。

讓服裝說話

有些仿冒品牌服裝和進口品牌服裝相比，僅僅就是在製作技術上的不同，但是，對於製作技術，顧客又不是行家，因此常常可以以假亂真。這時，銷售員要用專業的水準引導顧客辨出真偽。

「先生，您看這裡，如果是仿冒的品牌，製作技術不會這麼精良；您再看這裡，肩袖接縫是三片布料相接，要做到不起皺和服貼，工藝要求非常高，一般品牌西裝都很難解決這個問題，即使使用進口肩袖接縫機也很難模仿出嚴謹的工藝。因此，那些空有外國商標的國內服裝，在技術上還是有一定差距的。」如果你能從其他方面列舉出仿冒與正宗品牌的不同之處，就最具有說服力了。

最後，你還可以向顧客保證：「這個品牌穿 5、6 年絕對不會掉色、起毛球、發皺等」。如此，從品質上解除了後顧之憂，他們才會放心購買。

服裝行業本來就魚龍混雜， 顧客之所以對進口品牌的服裝質疑，不是沒有道理，也許他們在這方面受過傷害。顧客質疑並非無事生非，而是為了消除自己的疑慮。只有疑慮解決了，才能有購買的決心。因此，身為

服裝銷售，要想辦法改變顧客的偏見，而不是躲避或拚命抵抗和說服。讓顧客看到，和體驗到國外品牌的名副其實後，他們的口碑也會給服裝店帶來財源滾滾。

第九章
折扣及優惠問題

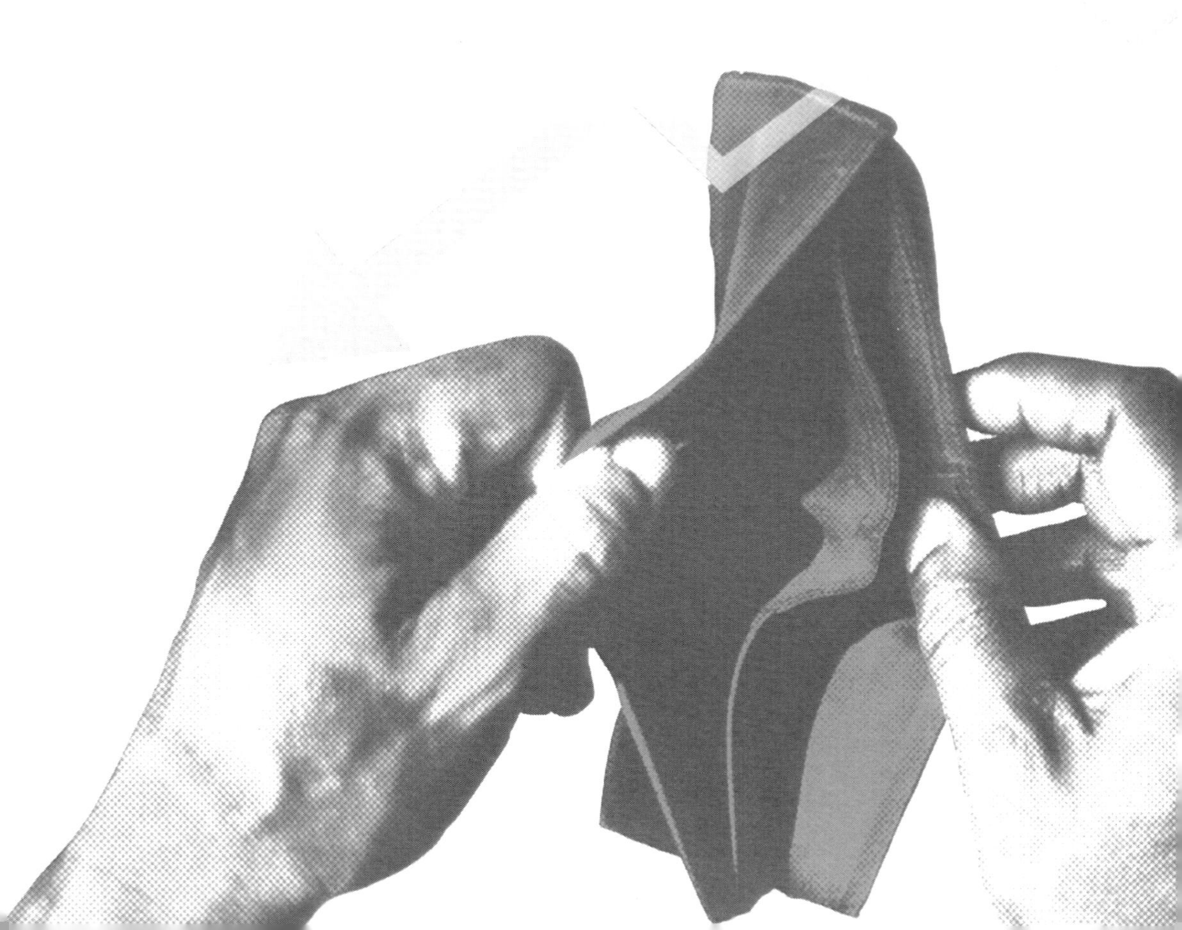

在即將成交的關鍵階段，大多數顧客都會詢問服裝是否有折扣，以及自己是否能享受其他優惠等。顧客的這種心理很正常。

在顧客為王的時代，不論商家還是廠家，都在花樣翻新地不斷推出各種促銷措施，顧客為什麼不享受一番呢？

那麼，應該怎樣應對顧客的這種要求？既然商家都在推出優惠措施，當然要對顧客有所表示。可是，不論顧客什麼樣的要求，一律「滿足你，沒道理」嗎？當然不是。銷售員需要在公司和顧客之間尋找一種雙贏，甚至多贏的方式，那樣才能良性發展。

1 等打折再買

不論在服裝大賣場還是在小服裝店，銷售員可能經常會遇到這樣的現象：顧客拿著喜歡的服裝問你：「打幾折？」或者「快換季了，你們打幾折啊？」、「你們節日會有折扣嗎？不然我等那時再買好了。」

在遇到顧客希望打折時，銷售員如果說：「不好意思……」，話還沒說完，顧客丟下產品就走了。

如果賣的是知名品牌的服裝，有些銷售員可能還會理直氣壯地回答一句：「我們是名牌店，知名度高。我們這裡從不打折！」雖然你財大氣粗，是正規商場，沒有商談的餘地。但是，這種回答未免太直接、太死板了。好像當場給顧客「一個大耳光」，會讓顧客感覺尷尬無比，好像自己來這裡是想占便宜一樣。

還有些銷售員甚至會這樣回答：「開什麼玩笑？我們這是剛上市的新款產品，很多款式限量生產，人們搶還搶不到呢！」這明顯有諷刺顧客不識貨的意思，潛在的臺詞是：「想打折，做夢吧你！」

以上這些回答不論是婉轉的，還是直接的、粗魯的，都不是銷售員對待顧客正確的態度。

顧客來購買服裝，不論自己怎麼喜歡，也不論商家的定價怎樣，沒有降低的餘地，但是，顧客都想再得到一些優惠。這種心理極為普遍。因為根據進貨以及銷售情況，不少服裝店都會根據情況對一些服裝進行打折處理，或者是換季拍賣，或是節日促銷，因此，顧客希望等到打折再來買也很正常。如果不了解顧客的這種心理，一句話就把他們的希望封死，或用質問的口氣與顧客說話，他們當然也沒有再光顧你的理由。

因此，在應對顧客時，千萬不要這樣回答：

「誰知道什麼時候會打折呢？」

「打折時尺碼不齊，可能沒您可穿的。」

「誰知道什麼時候會打折呢？」等於告訴顧客你們的服裝店真的會有打折，但時間未定，也不是你能提前知道的。那樣，顧客肯定會想，等到打折時再來買吧！

「打折時尺碼不齊，可能沒您可穿的」，這樣簡單的說法，似乎告訴顧客，我們打折的都是一些貨底，待處理的剩貨。那樣，顧客會把自己的想法告訴其他顧客，影響店鋪的形象。因此，正確的辦法應該是，客觀地為顧客分析打折的利弊，且主動積極地引導顧客向購買方向前進，讓顧客立即做出決定。

銷售員可以這樣回答：

■ 分析打折利弊

「現在賺錢確實不容易，因此，許多聰明的顧客都和您一樣，想等到打折時再買。可是，這些服裝難免尺碼不全，因此，款式和顏色也不會有太多的選擇餘地。如果是特殊體型的人，恐怕很難如願。如果想買一件時尚的服裝，恐怕也不會有幾件。」

為顧客分析打折的利弊後，讓顧客自己做出選擇。

■ 抓住顧客遺憾心理

如果顧客現在看中了一款熱銷的服裝，想拖到打折時再買。銷售員可以直接告訴顧客：

「這位女士，您現在看中的這款大衣是今年的流行款式，許多女士都看好了。為了迎接節日，我們店是準備再推出一批特價服裝，可是，那樣就會出現僧多粥少的現象。本來打折服裝尺碼就不齊，我是擔心等到節日折扣時，已經賣斷碼了。到那時，您買不到自己喜愛的服裝也很遺憾。」

聽銷售員分析的有理後，顧客一般會略做考慮。購買欲望很強的顧客，或經濟能力較強的，可能會取消打折再買的念頭。他們主要看重的是服裝的款式和品質，並非圖價格便宜。

■ 重點介紹現在買的好處

「您也知道，打折服裝一般都是流行的末班車，買了之後可能穿不了幾次就過季了，那多可惜呀！其實我們現在也有折扣，雖然沒有換季的時候低，但是尺碼很齊，不會有斷碼的狀況。而且，我們今天的活動也很划算，買滿 5,000 元就送貴賓卡，以後您拿貴賓卡購物，也會有優惠。」

顧客仔細考慮後，感覺比較划算，也會成交。

■ 滿足顧客心願

當然，如果顧客經濟狀況普通，或是中、下等，對服裝的款式、顏色、尺碼等也沒有什麼大的挑剔，確實就是想購買一些物美價廉的實用服裝，銷售員也不要非說服顧客現在成交。要認同這類顧客，向顧客說明，打折促銷的原因雖然有很多種，但跟正價品是同一品牌，如果能選到合意的服裝，還是非常超值的；然後請顧客留下電話以便屆時通知。

顧客購物的心理和客觀條件各式各樣，因此，銷售員要靈活機動，在實事求是為他們分析打折的利弊後，積極地去引導和說服顧客現在購買。

2 我是老顧客了，沒有優惠嗎？

每個服裝店都會有一批忠實的客戶，這樣的顧客對服裝店的發展發揮了推動作用。因為彼此熟悉，且對服裝店的發展也有一定的貢獻，因此，這些老顧客常常會提出這樣的問題：

「我是老顧客了，每年貢獻給你們這麼多錢，就沒有一點優惠嗎？」

對此，銷售員常常不知道怎麼回答。

對於老顧客的照顧，銷售員當然感激。但是想給他們多點優惠，自己又沒有權利；不給優惠，又擔心老顧客流失，影響自己的業績。因此，銷售員此時都會陪著笑臉，小心翼翼或明顯理虧地回答：

「我也想照顧您呀！可是公司規定不能優惠，我也沒辦法。」

「就因為是老顧客，這個價格已經夠低啦！」

「我的權限就是這些，如果可以，我會不照顧您嗎？」

「不是您買多少的問題，公司政策就是這樣。」

「有顧客買得比您還多，我們也是賣這個價位。」

第 1 種說法給顧客的感覺是，銷售員是站在顧客這邊的，認為公司的規定不近情理，只顧自己賺錢，卻不給支持公司的老顧客優惠。這種說法明顯是錯誤的。

雖然，銷售員要從顧客的角度考慮，但並不意味要把公司的利益分享給顧客。公司之所以能優惠顧客，是建立在自身發展壯大的基礎上。如果公司賺不到錢，或把公司應得的利益分給顧客，怎麼可能給老顧客一定的優惠價呢？這就好像是一個連自己的生活都無法維持的人一樣，又談何幫助別人呢？

第 2 種說法意思是：就因為是老顧客，已經給夠你面子了，不要再糾纏了。似乎顧客是個不通情理的人。這種說法，顧客當然心中不快。

第 3 種說法的意思是：如果老顧客想圖便宜，可以找更上級的上司。直接把顧客推給上級人員，也是一種不負責任的表現。

至於第 5 種說法顯然嫌貧愛富，拋棄了小客戶的利益，讓小客戶感覺該公司冷漠無情，令人心寒。

那麼，怎樣才能讓老顧客滿意，不至於因為享受不到優惠條件而流失呢？

首先要了解顧客的心理。老顧客之所以提出享受優惠的條件，並非是單純的倚老賣老，而是希望自己能夠被重視。

任何顧客都希望自己是店面最受尊重的人，不論從購買能力來說，自己是大顧客還是小顧客。因此，銷售員應該先迎合顧客這種心理，因勢利導地滿足他們的虛榮心。

可以這樣回答：

(1)「感謝您們對店鋪的長期支持。沒有您們，公司不會發展的這麼好，這一點我們大家都認可。」用這些話先安撫老顧客傾斜的心理，盡量維持好與老顧客的關係。

之後，為顧客解釋不能優惠的原因。

「其實您也知道，每個品牌打折的原因都不一樣。畢竟價格只是一部分購買因素。長期以來，我們公司更關注的是能夠提供什麼品質的衣服和服務給顧客，這一點，您一定深有體會。如果只是價格上優惠，品質和服務不能令人滿意，我想您也不會選擇我們。」

這一番話，為顧客講明價格優惠和服裝品質、服務孰輕孰重。但是，不宜多費口舌，更不能讓顧客感受到是在教訓他們。態度和語氣都要從顧客的角度考慮。

接下來，要扭轉話題：

「我想，以您的預算和欣賞眼光來看，其實您也不是堅持一定要 8 折還是 9 折。但是，為了感謝您對我們的厚愛，我還是決定以個人的名義送您一個小禮物，雖然禮輕，但是也要表達一下我的感激之情。請您稍等……。」轉移焦點到贈品上去，可令顧客更容易接受推銷員的觀點。其次，強調自身的服裝優勢，如果可以的話，也可用贈品的形式加以解決。

(2)「非常謝謝您的支持。您也知道，這麼多年來，我們公司在定價上一直都和服裝的品質相配，不會隨便變動。因此，非常抱歉，您的要求我們確實不能滿足。但是，對於像您一樣的老顧客提出的意見，我們非常重視。我會立即將您的建議報告給公司，如果有大客戶的優惠方案出來，我會立即與您聯絡。請問，您今天來是想看點什麼呢……。」（開始轉移焦點到衣服上去）

行銷界有個公式叫「成本公式」，就是維護一個老客戶的成本，將是開發一個新客戶成本的 1/6。為什麼維護老客戶的成本很小呢？他對我們企業很了解，我對他的服務已經格式化了，大家很容易接受。因此，想不傷害老客戶的感情，可以在服務等方面為他們提供滿意之道，而不是一味簡單地在價格政策、返還利潤、廣告支持等方面下工夫，這樣容易破壞整體遊戲規則。這才是細分目標市場，聰明地對待「老客戶」之道。

3 剛買的衣服就打折，你們賠我差價

有時候，銷售員可能會遇到這樣的情況，顧客反映：剛買的衣服折扣就打得這麼厲害，真生氣，你們要賠我差價。

對此，銷售員可能會做出如下回答：

「那是個別的舊款服裝，回饋老顧客的優惠活動。」

「那是廠商讓利舉辦的活動，我們商場是從來不打折的！」

「衣服就是這樣，過季了就會打折。」

「您別在意，您的等級不一樣。」

第 1 種說法似乎是說：你不是老顧客，所以無法享受。這太傷顧客的感情。

第 2 種說法把理由推給廠商，顧客不明真相，怎能輕易相信？

第 3 種說法跟「衣服就是這樣，當季商品幾乎都不會打折」一樣，等於是嫌棄顧客沒有先見之明。

第 4 種說法「您別在意，您的等級不一樣」，這麼說顯得牽強附會，沒有任何說服力。看起來是安慰顧客，但是沒有詳細給顧客可以接受的解釋。

以上這些簡單、機械性的回答，沒有任何說服力！

顧客的任何購買行為皆因利益使然，將熱乎乎的鈔票從自己的口袋掏出來的感覺都非常的痛苦，何況，他們發現自己當寶貝一樣，剛購買的服裝，轉眼價格就變便宜了，誰都會產生購買不值，被商家玩弄的心理。

有研究表示，痛苦給顧客的決策驅動力比利益還大 3 倍。因此，顧客都會衝動地要商家賠償損失。

遇到這種情況，推銷員首先要站在顧客的角度，認同他們的感受，然後真誠地向顧客說明現在打折的原因，關鍵是要想辦法讓顧客在心理上有所平衡。可以這樣應對：

★「這位女士，您有這樣的想法我完全可以理解。其實，從您上次來，到現在都快 1 個月了，您太忙了可能沒有注意到。您看，這些都是這個季末的服裝，很多尺碼都沒有了。所以，促銷也是有原因的。」

這樣解釋，顧客巨大的心理落差通常會平靜下來。

「所以我們正準備這幾天上架新款。我剛才還在想這 2 天要打電話給您呢！」

★「是的，如果我看到這樣的折扣，心裡肯定也會有點不舒服，所以能體諒您此時的心情。只是您也別太在意，現在價格優惠的都是快要過季的衣服。雖然品質、款式也很好，不過大多數尺碼都不齊，這些您肯定不會感興趣。」

在說明折扣的同時，抬高顧客的身分，他們也會感到心理平衡一些。

★「是的，同樣的商品卻有 2 種價格，如果是我，心裡也會不舒服。只是服裝有季節性、流行性和時尚性的因素，再加上季末很多尺碼都不齊了，所以價格才會有差異。不過買了折扣服裝，只穿 2 次就不能穿了，那樣才更貴，您說是嗎？」

以上這些才是說服顧客的正確之道。

透過大量的深入分析發現：其實顧客都是希望透過購買行為獲取利益並迴避痛苦。

就本案而言，推銷員可以告訴顧客打折的原因，還有購買打折服飾給顧客帶來的不利結果，用利益打動顧客，令其立即採取行動。

如果顧客詢問是否還會打折時，千萬不能這樣應對顧客：

「打折又不是我們能決定的，我們也沒辦法。」

這類說法其實就是在告訴顧客，你今天買的衣服價格可能還會再降，你現在最好自己想清楚買不買，到時候我可不管。

「您這麼說，我都不敢賣給您了。」，這則表明顧客是在無理取鬧，以後不予接待。

以上所有的應對方式都沒有真正為顧客解決問題，而僅僅是簡單的處理問題，當然也難以安撫顧客的情緒。因此，銷售員首先要向顧客解釋：在服裝業，品牌打折有時候是難以避免的，比如在斷碼、換季或處理庫存時，由於款式少，且季節也快要過了，所以有可能會有些折扣。

之後要安慰顧客：「但是，不管怎麼樣，買衣服有時跟我們買菜一樣，新鮮的總是貴一點。」這樣，顧客的情緒會稍稍平靜。

當然，銷售員解釋清楚衣服打折的原因不是目的，強調由此帶給顧客的不利後果，以及顧客現在立即購買可以享受到的利益，推動顧客走向成交才是重點。如果推銷員在顧客買衣服時，傳遞給顧客衣服還會打折的消息，顧客的購買欲望一定會大為降低。因此，推銷員要做的事情，就是積極地為顧客尋找令其採取行動的心動理由，且不斷刺激顧客，以調動其購買的熱情和欲望。

「是的，我能理解您心裡的感受。您也知道，如果沒有特殊狀況，我們這個品牌一般都是原價銷售。不過因為服裝換季換得比較快，您感覺只是 1、2 個月，對我們來說可是整個季度都過去了。因此，做出折扣打算也是為了盡快為消費者提供適合季節的新款服裝。我們公司基於對顧客負責任的態度，新到了一批新貨。我帶您去看一下。」

總之，不論採取什麼方式，及時扭轉顧客的關注點才是目的。

當然，如果顧客的心理一時難以平靜，對新服裝沒有什麼興趣，就沒必要強求。

4 我不要什麼贈品，換成折扣吧

不論是走在大街上，還是在購物網上，我們經常可以看到商家這樣的促銷廣告：

為了感謝新、舊顧客對本服裝店的支持和厚愛，特推出以下優惠措施：消費滿 1,000 元，贈送襪子 1 雙；消費滿 1,500 元，贈送牛皮皮帶 1 條；消費滿 2,000 元，贈送 1 件韓款的披肩。

一般來說，贈品是廠商為了回饋廣大消費者的信賴與厚愛，特地準備的，但對於消費者來說，因為現在許多商家都在做贈品促銷，有時難免發生贈品過多的事情。也許這家商店贈送的禮品，消費者家裡已經不再需要了。因此，這樣的贈品對顧客來說，沒有什麼實用意義。總不可能抱著一大堆熱水瓶或電鍋之類的回家。因此，顧客會要求，把贈品直接讓利，幫他們省去購買贈品的費用和時間。

當然，服裝店送贈品是從自己促銷的角度考慮，並不是某些顧客對贈品接受的特殊性來考慮，這樣當然會與顧客的要求發生衝突。

雖然，這些特殊顧客的要求並不是都合理的，但是，銷售員在拒絕顧客時，也要注意拒絕的方式，千萬不能出現以下這些情況：

「不好意思，我沒有這個權限。」

「您可真會算呀！像您這樣，我們會虧死。」

「不可能！贈品本來就是拿來贈送的，不能抵折扣。」

「不好意思，我沒有這個權限」，意思是說，你去找上級或老闆，他們可能會接受你的意見，等於是告訴顧客，他們的拒絕可以接受。這是一種推卸責任的說法，也是極為不負責的說法。如果顧客真的去找老闆，老闆應該怎麼處理？

「您可真會算呀！像您這樣，我們會虧死。」這種說法明顯是嘲笑顧客太喜歡貪小便宜了。這種說法給人的感覺是，顧客不是因為購買服裝而來，就是專門看上贈品可以換現金而來的。直接打擊顧客的消費積極性，更不利於把他們發展成忠實客戶。

「贈品本來就是拿來贈送的，不能抵折扣」，這種直接拒絕的思維過於簡單化，給顧客強烈的挫折感，不能給顧客心服口服的答案。

贈品的目的是為了報答消費者的厚愛，讓他們對服裝店產生好感，保持持續的消費能力。但是，以上回答，顯然顧客不會滿意。因此，即便是拒絕顧客的無理要求，也要顧及他們的面子，引導顧客對店鋪的好感和忠誠。

如果你遇到這種情況，可以解釋清楚贈品的概念。

所謂贈品，也就是顧客購買一定數額的物品後，所獲得的額外附送品，不需要顧客再另外付錢。贈品與商品有著本質的區別。眾所周知，「贈品」作為商品的「附加部分」，體現的是該產品在「捆綁式」銷售過程中的一種「附加價值」，對顧客來說是「消費牽引」和「優惠措施」。也就是說，「贈品」的本質是「非賣品」，是不能當普通商品出售給消費者的。因此，顧客提出把贈品抵折扣，本身就混淆了贈品的概念。

遇到這種情況，銷售員可以採取以下方式處理：

★「對不起，我們的贈品都是在商品正常銷售的基礎上，額外饋贈顧客的，因此贈品和價格沒有關係。不過這些贈品是我們公司特意為顧客精心挑選的，非常實用。雖然與您以前的贈品可能有重複，但是，很多顧客都非常喜歡。再說，畢竟您最關注的還是購買的衣服，贈品其實只是錦上添花。因此，對於贈品的處理，您肯定會有自己的辦法。」

如此解釋，既說明了「贈品和價格沒有關係」，又點明了雖然顧客感覺不實用，但是，沒必要因為贈品而徒增煩惱。

★「大家買東西都會希望更便宜一點，這點我理解。但是，真的很抱歉。贈品是用來贈送給顧客的，為了表達我們的謝意，這樣的感謝方式是不好用價格來計算的。您認為是嗎？」

把贈品提升到表達謝意的禮品高度，言明是「不好用價格來計算的」，合情合理，相信顧客也不好拒絕。

★「其實，您主要關注的還是這件衣服，服裝適合您才是最重要的。至於贈品，感覺實在用不到，可以和我們兌換。我們送的贈品品種也很豐富。自己用不到，可以給朋友親戚。」

「這些贈品本來就是物超所值的東西，如果在外面買，得花好多錢。因此，我建議您拿我們的贈品，仔細挑選一下，肯定有您需要的。」

用贈品的品種豐富和物超所值來打動顧客，同時，又指出用贈品送人情的辦法，也算是為顧客考慮的夠周全了。既能買到稱心的服裝，不用花錢又能送人情，誰會拒絕？因此，這樣說，也可以打動顧客。

有些服裝店經常推出會員卡購物積點，當點數達到一定程度時，商店也會兌現商品。對於這些商品，顧客也會提出用點數換價格折扣的情形。的確，有些商家曾經採用點數換折扣的方式，但那都是一時的計策。或許是剛開店，為了彰顯人氣；或許是在服裝淡季，為了提升顧客消費的積極性。因此，顧客如果總抱有這種幻想，顯然不合時宜。對此，銷售員也要合理地引導顧客，不能直接回絕。

另外，對於贈品的選擇，商家也要有所考慮。

贈品雖然是物超所值，也不需要商家破費太多，重要的是注意和自己的服裝相搭配，不能千篇一律都是什麼吸塵器、豆漿機、熱水瓶之類。這些贈品從品種上來說，和服裝並沒有什麼直接的關聯，同時，也會增加銷售員說服顧客的難度。比如，你是賣羊毛衣或羽絨服的，如果在出售服裝的同時，為顧客贈送一些可用於洗滌服裝的洗衣精之類，這些贈品功能很多，相信顧客肯定不會嫌棄。因此，要讓贈品被顧客接受，就要確實為他們考慮。

不可否認，在決勝終端的行銷時代，大小服裝店都把贈品促銷看成制勝法寶，因而各顯神通，似天女散花般把自己的贈品紛紛拋給廣大消費者。贈品固然能夠獲得銷量的增加，而且還可以增加消費者對品牌和店鋪的認知度與美譽度，取得良好的宣傳效果，但如果運用不佳，贈品再多，顧客感到不實用，也會打消購買的念頭。因此，巧妙運用好贈品，才能讓顧客和商家雙贏。

5 多給一些贈品吧

天下之大，無奇不有。雖然有些顧客因為贈品太多而要求折扣，但有些顧客卻是多多益善。在這樣的顧客看來，贈品就是白白贈送的，豈能不要！新聞裡也總是不斷傳來「某商場發贈品引發排隊人潮」之類的消息。發放贈品本來是為了促銷，對此，商家也沒想到會出現這種排隊的熱烈場面。

有位消費者抱怨：「參加了多少活動，最終都無疾而返。現在有個機會擺在眼前，怎會不好好珍惜呢？」

其實，這種貪多的心理也是商家寵出來的。現在商家都在運用贈品這個誘餌，很多店說是在賣服裝，不如說是比活動、比贈品。買得多就送得多，在顧客心理已經形成一種概念。因此，消費者也養成了購買大件商品就要贈品的習慣。認為沒有贈品，就是吃虧！

有位老年顧客就養成了買東西要贈品的習慣，尤其是購買貴重服裝，更是不能放過。而且 1 件不行，還要 2 件。他購買了 3,000 元以上的羊毛衣，馬上問銷售員有什麼贈送的。

「您好，這是贈送給您的洗衣精。毛衣洗出來蓬鬆，還有香味。」當銷售員把贈品送給顧客時，這位老年顧客馬上有新的說辭：「等等，她們都是我的朋友，妳給 2 瓶吧！不然 1 瓶她們要怎麼分啊？」說罷，便準備伸手去拿。

「大姐，這可不行！您們的消費金額還不夠贈送 2 瓶，店長知道會罵我的。」銷售員邊說便攔住顧客。

「妳這女孩真不會做事，店長哪會這麼仔細。」老人家悄悄地說。

「我們都是妳的顧客，雖然這次沒買服裝，但是，給我 1 瓶也是應該的啊！不然以後不來了！」見銷售員無動於衷，另一名顧客開始下最後通牒了。

「真的不行，店長特意交代過了，每次贈送都要登記，上報公司核實。不然，您們跟店長反映一下，店長同意，我馬上就給您。」銷售員退了一步。

「這點小事還要找店長嗎？算了，我們走吧！要多 1 瓶贈品都這麼困難，這個服裝店真小氣。」3 位顧客接過 1 瓶贈品，面帶不悅地走出去。銷售員也一籌莫展，不知自己應該怎麼辦？

一般，服裝店在做活動時，經常會遇到一些顧客（特別是消費數額大的顧客）多要贈品的情況，那麼，身為店員，該如何做到既不損害公司利益，又能滿足顧客的要求呢？

「我們的贈品只有 1 件，沒有多餘的。」

「真的沒有辦法這樣做，您如果要 2 件，我要從哪裡找給您？」

「廠商沒有多餘的贈品，我總不能自己掏腰包啊！」

「這些贈品很便宜，您在外面買也花不了多少錢。」

第 1 種說法直接拒絕，語氣太生硬；第 2 種說法銷售員顯得很無奈；第 3 種儘管是事實，但有點不近人情；第 4 種說法給人的感覺是顧客貪小便宜，有貶低顧客，也有貶低贈品的含義。因此，這樣的解釋沒有任何說服力。

在處理顧客的問題時，不能直線思考，而是要學會曲線思維，在某個地方挖井找不到水，可以換一個地方。因此，在遇到這種情況時，不要總想著怎麼拒絕顧客，而是要換一種角度考慮。

你是否想過：顧客為什麼多要贈品呢？當然是因為不要白不要。可是，儘管如此，也沒有人想讓人留下貪小便宜的印象。你難道不可以利用顧客的這個心理，加以適當的引導嗎？

■ 讚美法

首先，要讚美顧客不是那麼愛占便宜的人。

你可以這樣說：「您能消費這麼多錢購買服裝，肯定是實力雄厚的老闆。因此，贈品的多少對您來說，實在沒有什麼太大的意義。」

沒有人不喜歡被讚揚。因此，推銷員要先想方設法為顧客戴高帽，接下來的問題解決就會容易得多。

■ 提前消費法

有些顧客不吃讚美這一套。接下來，推銷員可以運用提前消費法，讓顧客自己去選擇。

「先生，我也知道您特別喜歡我們的贈品。但是，由於這個活動已經結束了，我實在沒有辦法。不過，下週我們這裡會推出消費 5,000 元贈送一套精美茶具的活動。您確實喜歡這樣的贈品，可以考慮一下。如果現在參加，我可以找店長申請一下。」

「現在？」顧客問道。

銷售員邊說，邊拿出手機，當著顧客的面打電話：

「店長，那次活動的精美茶杯還有嗎？我這邊有 VIP 客戶，是我的好朋友，如果他參加下周的優惠活動，能提前得到那套茶具贈品嗎？」

一聽提前消費，顧客揮手說：「算了算了！先要這套吧！」

為了贈品而提前消費，一般來說，顧客可能都會打消馬上購物的打算，也不再提贈品的事情。

■ 用折扣轉移目標

「呵，真不好意思。其實，我們這次送贈品的目的，主要就是讓顧客選擇服裝。您也不是因為這些贈品才買這件衣服的，最主要還是因為這件衣服您穿起來很好看。您說對嗎？如果您喜歡我們的服裝，可以再買 1 件，我們雖然不能在贈品上滿足您，但您可以享受折扣。」

如此一說，轉移了目標，顧客捨不得掏腰包，可能也會打消多要贈品的要求。

■ 留有餘地

「哎呀，您這就讓我為難了。我們這次活動贈品只有 1 件，確實沒有辦法讓您同時擁有 2 個，還請您多包涵。看來您的確喜歡我們的贈品，那這樣吧，如果這次活動結束後，確實有多餘的贈品，我可以請求為您留 1

個，您看這樣好嗎？」

這種說法既給顧客面子，讓顧客十分感激；又靈活機動，給自己一個退卻的餘地。

一般說來，活動結束即使還有贈品，顧客也不會再來要。

顧客多要贈品是把問題拋給我們，我們也可以把問題拋回顧客，這就是取捨，讓顧客自己去選擇。以上這種方式不是比直接拒絕顧客要明智的多嗎？

不可否認，有些服裝店贈送的商品確實深受顧客喜愛。在這種情況下，顧客都想多得到。但是，還有一種情況是，商家故意誇大贈品的價值。但是，後面這種情況，顧客就會有吃虧上當的感覺。比如：為了招徠顧客，有些商家常常把價值 20 元的塑膠香皂盒吹噓成 80 元。那樣，顧客會認為「這不就值幾塊錢嘛，等於買衣服的價格加了 20 元，討厭！」

雖然贈品促銷比較有效果，但是，我們的顧客經過近 30 年的市場經驗培養，在供過於求的今天，各種層出不窮的商品也在磨練著他們的鑑別能力。特別是對於一些日常消費品之類的，他們已經有非常準確的評估能力。因此，如果把贈品的價值誇大得太離譜，危及的可能就是他們對服裝店品牌的信任感降低。

贈品促銷雖是小問題，但絕對不可忽視。贈品促銷並不是紙上談兵，貴在根據顧客的需求和心理及時進行相應的調整和創新，讓顧客感覺既物超所值，又感謝商家的一片誠心，那麼，才會提升他們的滿意度。

第十章
化解抱怨和投訴，提升顧客滿意度

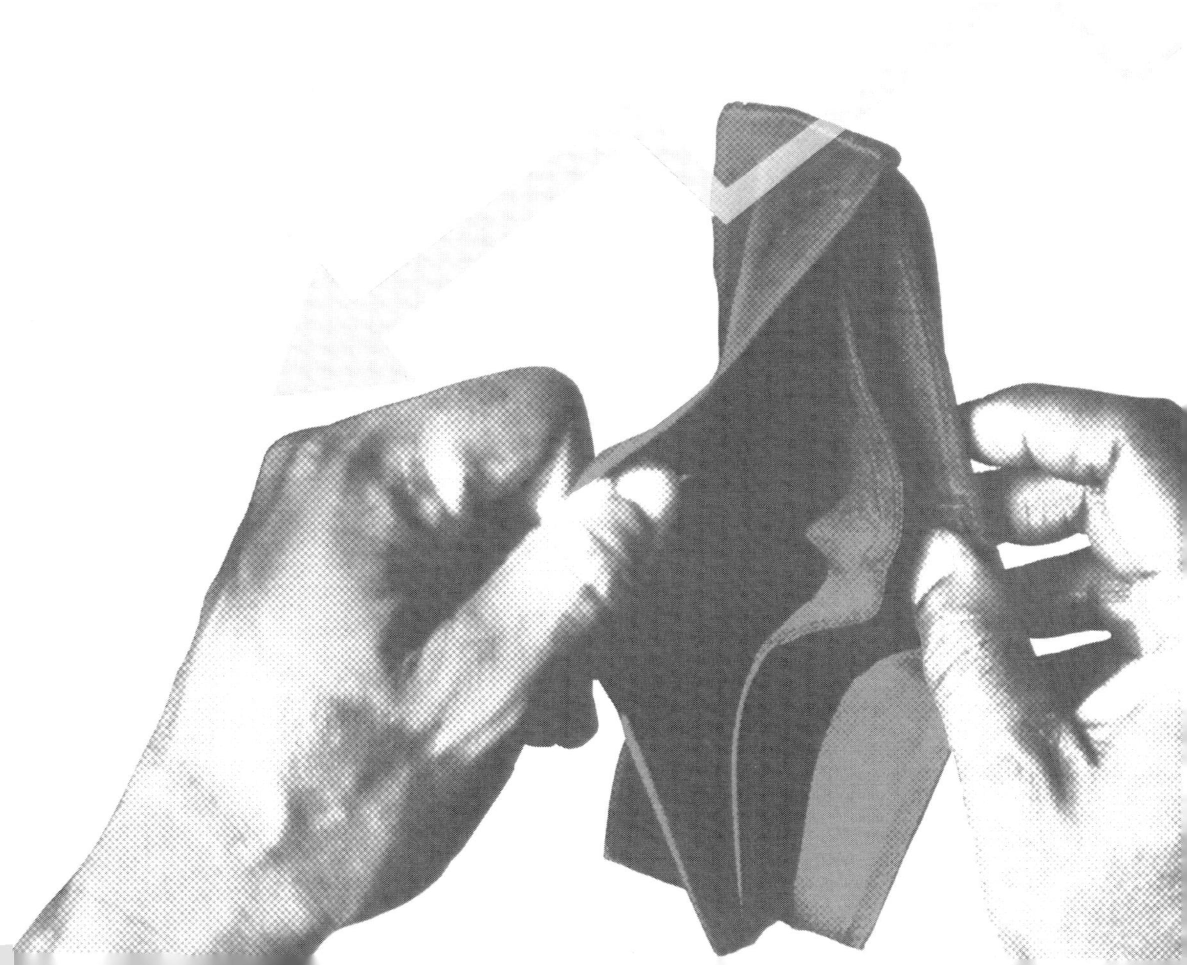

在日常經營活動中，每個服裝店都會接到一些顧客的抱怨或投訴。如果忍受不了顧客的投訴，或向顧客發動「反攻」，銷售服務注定會失敗。

顧客之所以抱怨或投訴肯定是有原因的，不是服裝本身的問題，就是因為銷售員的服務沒有達到他們的要求。因此，正確看待顧客的抱怨或投訴，把這類事情處理得當，也有利於改進自己，提升自己的服務水準，贏得更多的顧客。

1 顧客為什麼會抱怨

顧客之所以會產生抱怨，是因為顧客感到不滿意。顧客滿意度主要涉及 3 個方面：顧客的期望值、產品和服務的品質、服務人員的態度與方式。化解顧客投訴需要了解顧客不滿的真正原因，然後有針對性地採取解決的辦法。

就服裝推銷員來說，顧客產生抱怨的原因可以說是各式各樣的。有些是主觀原因，有些是客觀原因。比如：服裝本身的問題、銷售員的服務態度、服務不完備等，就是主觀原因；顧客的期望值過高，或廠商生產工藝、服裝質料而引起的，就屬於客觀原因。

★ 因服裝本身問題引起的：比如，染整的服裝遇到汗水變色，裙子上有染印斑等；或服裝未標示品質成分；照服裝標示的方法洗滌，衣服卻褪色等。

★ 服務態度引起的：比如，不願意將展示櫃中陳列的精美服裝拿出來供顧客挑選；或者顧客認為店員為自己挑選服裝不夠有耐心。

★ 服務不完備引起的：有些銷售員缺少專業知識，無法回答顧客的提問或答非所問。

比如：服裝的使用說明介紹得不夠詳細，導致穿了沒多久，服裝就壞了。這類有關衣料的保管和清洗方式是銷售員在經營中最常聽到、也最不容易解決的抱怨。

★ 服務疏忽引起的：少找零錢給顧客；算錯錢，向顧客多收款；顧客依照約定的日期前來取貨，卻發現服裝還沒有到貨。

★ 新材料或新工藝引起的：例如，在衣料中摻上金色的細絲，可以增加亮麗的感覺。但是這種衣料和其他普通的衣服放在一起，就會失去光澤，如果用普通的水洗又會褪色，有許多顧客感到相當不方便。

★ 顧客對店員產生誤會而引起的：有時候，銷售員語言不當，用詞不精準，也會引起顧客誤解。這種情況下，儘管銷售員的要求是正確的，但是顧客也會持某種主觀的否定態度，而產生不滿情緒。

銷售員：「先生，我們店有規定，不許吸菸。」

顧客：「你們店的規定關我什麼事？我又不是你們的員工，我抽菸關你們什麼事呀！」

★ 隱匿資訊：在廣告中過度宣傳產品的某些性能，故意忽略一些關鍵的資訊，轉移顧客的注意力。

★「海口」承諾：例如，有的銷售員承諾讓顧客包退、包換，但是一旦顧客提出時，總是找理由拒絕。

★ 服裝出現小瑕疵或包裝出現問題，導致產品損壞。這些雖然不是銷售員自身引起的，但也會引起顧客抱怨。

★ 顧客沒有按照說明操作而導致出現問題。

★ 顧客的期望值過高：一般情況下，當顧客的期望值越大時，購買產品的欲望相對越大。但是當顧客的期望值過高時，就會使得顧客的滿意度越小。如果當期望管理失誤時，就容易導致顧客產生抱怨。

就像任何一個醜女穿上最亮麗的服裝，也不會變成仙女一樣，銷售員應該適度地引導顧客的期望。

不論哪一種原因引起的，都可能會造成顧客的抱怨。

顧客一旦開始抱怨，就是對服裝店不信任的開始。想重新建立值得信賴的形象，可不是簡單的事，需要花許多時間、財力和努力。那麼，應該用什麼方式應對顧客的抱怨，或盡量減少顧客的抱怨呢？祕方只有 1 個：只有在平常的工作中，將服務做完備，顧客的抱怨才會減少到最低程度。因而在平時的銷售工作中，銷售員需要擺正自己的服務心態，對自己工作的每一道環節都認真檢查、仔細把關，及時消除顧客的誤會。

■ 售前檢查

因為顧客的許多抱怨是針對服裝品質的，因此，為了不使顧客買到瑕疵品，在售出服裝之前，銷售員或有關人員應當對服裝展開詳細的檢查。儘管在此之前已經有其他部門的人員對服裝的品質進行過檢查，但是，那只是站在公司的角度，或站在服裝行業對品質的要求上，而不是站在顧客的角度。比如：按照服裝行業的標準，一個暴露的線頭也許不算什麼，可是，對於顧客來說，就不情願買這樣的衣服。

銷售員是出售服裝的最後一關，這樣的檢查也是為顧客負責的表現，可以降低售後的抱怨和投訴。

■ 了解新產品的特性

對於那些因新材料、新工藝帶給顧客的抱怨，在出售這些新裝前，銷售員應該事先了解這些服裝的特性以及使用方法、保存方法、洗滌方式，然後在推銷時詳細地說明，讓顧客了解。這樣才不至於發生顧客購買後，因為以上問題而產生太多抱怨。

如果對某些新裝無法真正了解其特性的話，可以請廠商派人指導，以免在銷售中產生不容易解決的問題。

■ 對不能確定的事情不要明確答覆

比如說，顧客要求的贈品、特殊型號服裝的到貨時間等。個別顧客甚至要求檢測報告、產品合格書、原產地證明等等。對顧客要求但超出自己經營範圍外的特殊事項，我們一定不要盲目承諾。可以和其他部門溝通後再告訴顧客。要懂得理智地為自己留下廣闊的轉圜空間。

■ 消除誤解

如果因顧客誤解而產生抱怨，銷售員一定要冷靜，坦率地把事情的原委告訴他們，讓他們了解真實情況。要注意顧及顧客的面子，語氣一定要委婉，誠懇地讓客戶知道你並不是要讓他難堪，而只是想消除誤會。否則他們容易因為下不了臺而惱羞成怒。

■ 盡量滿足顧客的要求

有時候，顧客要求的服務水準太高，令店家來不及安排，或根本無力提供。

比如，顧客購買的羽絨服水洗後，羽絨滾成一團，也會引起抱怨。這種情況，他們可能會要求銷售員處理。此時，不要說「不，我們沒有這種業務。」這時候，如果銷售員只簡單地說聲「不」，而不做任何解釋的話，也會引起顧客的不滿。

對待這種情況，銷售員應該先如實告訴顧客店家的局限，然後主動幫助顧客尋找解決問題的方法。比如：「雖然我們沒有這種業務，但我知道

有些地方能提供這種服務。」然後把有關的地址和電話號碼介紹給顧客。如果手頭沒有這些資料，也可以告訴顧客到哪裡能查到有關內容。

■ 主動彌補

如果確實是因為自己服務不周或失誤，帶給顧客不便時，可採取補救措施，並給顧客一定的補償，哪怕是自己掏腰包。

■ 端正自己平和的心態

有時候，銷售員為了完成服裝推銷，過於急功近利，弄虛造假，或以次充好，這也是顧客產生抱怨的導火線。要明白：只有誠信經營，企業才有生存之道。所以，銷售員不要因為一時的利益誘惑而心動，那你失去的不僅是自己的發展空間，也會給企業的發展帶來災難性的打擊。

解決顧客抱怨不僅是保證服裝店正常經營的重要手段，且是保證顧客忠誠度的一劑良方。如果銷售員能站在顧客的角度去看待自己的服務，時時刻刻為顧客著想，那麼，即便顧客沒有買到自己滿意的服裝，但是得到這樣的服務，也會對這家店鋪留下好印象。

2 處理抱怨的原則

所有人都知道，遭遇顧客投訴，處理起來非常棘手，但是幾乎任何服裝店都會遇到這樣的問題，無論是國際品牌，還是國內品牌，抑或小品牌、大品牌等，都是如此。

根據美國知名專家所做的調查表示，對商店服務不滿而前來投訴的顧客僅占4%，剩餘的96%則默默離去；但是，這些人並不會把這件事置之腦後，平均每人會告訴 10 個人你的產品或服務非常差勁。因此，顧客的不滿就這樣被傳開，致使這家商店的顧客越來越少。由此看來，對於顧客的抱怨千萬不能掉以輕心。

想處理好顧客的抱怨或投訴，銷售員應先遵循以下原則：

正確看待抱怨

有些銷售員覺得，顧客前來投訴或反映意見，純屬「找麻煩」。特別是因為顧客的原因而導致的問題時，銷售員更是一副理直氣壯的模樣。這樣的舊觀念不符合服務的基本要求。

不論是什麼原因引發顧客抱怨，顧客肯將不滿意說出來，就是對店鋪的信任。既便是因顧客自身引起的，但不僅僅是抱怨，更希望尋找到解決問題的辦法。試想，如果他們不是購買你的產品，怎麼會向你抱怨？再者，任何產品或服務都不是十全十美的。因此，顧客把意見直接向你傾訴，是他們給你消除不滿和彌補問題的機會，顧客的投訴和意見能讓店鋪看到自己在經營管理方面的不足，由此改進工作，提高服務品質，尋找新的市場需求點。因此，對於顧客的不滿與抱怨，每一位銷售員都應該重視。

積極的態度

俗話說「不打不相識」，在面對顧客的抱怨和不滿時，先不要躲避，不要討厭顧客的抱怨，要主動、積極地應對。

顧客永遠有權利要求更好的服務，顧客抱怨是對銷售員的鞭策，促使自己更加努力地提供更好的服務。因此，銷售員要學會積極、正面地去承受抱怨。以積極的態度，勇於正視顧客的抱怨，就不會感到惶恐不安了。

控制自己的情緒

許多顧客在表達自己的不滿時，常常都帶有情緒，會表現得比較激動。銷售員大多數是年輕人，血氣方剛，容易一觸即發。

此時，銷售員應該體諒顧客的心情，千萬不要意氣用事，用激烈的言語回擊對方，也不要把個人的情緒變化帶到抱怨的處理中。如果銷售員提高聲音，顧客為了自衛會更加氣憤。那樣，只會引起更大的衝突，無益於雙方解決矛盾。

一般情況下，顧客的氣憤可能不是直接對銷售員的，而是針對服裝及環境的。因為銷售員代表店鋪，是直接面對顧客的第一人，顧客總不會找經理或不會說話的服裝抱怨。此時，銷售員就不得不準備好承受所有的責備。要提醒自己，他的所有的話都不是出於私憤，只是在氣頭上抓到的第一個發洩對象而已。如果銷售員能控制自己的情緒，就可以控制形勢。

和能成事，敬能安人

顧客抱怨的最終目的絕不是在鬥嘴，甚至吵架中取勝，而是讓矛盾化解。因此，銷售員一定要記住「和、敬」2 個字。當客戶產生抱怨時，一定要心平氣和地對待。

當顧客顯得不太理性、不太寬容的時候，特別是遇到性情暴躁的客戶，不要急於馬上處理，以免因草率而使結果適得其反。應先使客戶平靜下來，心平氣和地談問題。先跟顧客說對不起，同時保持微笑和尊敬的態度，積極為顧客解決問題。如果銷售員輕聲慢氣地說，顯得平靜和關切，這種方法也能有效地化解客戶的抱怨。

不要急於申辯

有些顧客在表述怨言時，可能會表現出很氣憤的模樣，將問題和自己的感受說得誇張一些。在這種情況下，銷售員往往很容易打斷對方的談話，或急於申辯，這並不是安撫顧客的辦法。

本來，顧客就認為是銷售員服務不周所引起的。在情緒難以冷靜的情況下，你的爭辯只會越描越黑，給顧客造成不虛心接受批評的印象。如果銷售員不時插上這樣的話：「不，不是這樣的，我當時不是這個意思，是你誤會了。」這樣不僅不能解決任何問題，反而會讓顧客覺得店員是在推卸責任，結果，他們的態度會更為激烈。

顧客的抱怨是很複雜的，有的是藉口，有的是合理的異議，有的僅僅是為了發洩。當顧客產生抱怨時，我們千萬不要一味地向顧客解釋或辯白，不要輕易地打斷客戶的講述，更不要批評客戶的不是，喋喋不休地解釋只會浪費時間，也令顧客更加反感。

傾聽

顧客的不平、不滿、意見等，因為情緒激動，語無倫次或怨氣沖天，不擇方式，因此，銷售員很容易在無意中流露出不耐煩的神情。這些都不是處理抱怨最好的方法。

大部分情況下，抱怨的顧客需要的不是申辯，而是忠實的聽者。事情既然發生了，顧客只要求能發洩一下自己心裡的不滿，得到店家的同情和理解，消除心中的怨氣，並不一定非要服裝店有任何形式上的補償。此時，保持冷靜並堅持聽下去，一定要讓顧客把心裡話全部說出來，才是最基本的態度。

耐心地傾聽，且鼓勵顧客把所有問題說出來，才能從顧客的抱怨中找出他們抱怨的真正原因。

■ 真誠表達歉意

在凝神傾聽了解的基礎上，整體把握其不滿的真正原因後，一定要妥善且誠懇地使用「非常抱歉」等話語平息顧客的不滿情緒。

例如：

「讓您不方便，對不起。」

「給您添麻煩了，非常抱歉。」

這樣的道歉既有助於平息顧客的憤怒，又不會承擔可能導致顧客誤解的具體責任。

表達歉意時態度要真誠，如果道歉內容與顧客的投訴毫無相關，這樣的道歉不但無助於平息憤怒情緒，反而會讓顧客認為是在敷衍，而變得更加不滿。但要注意，絕不可讓顧客誤認為是自己的錯誤。

■ 轉移顧客憤怒的情緒

當顧客處於持續的憤怒狀態下，銷售員可以使用巧妙的方法分散他的注意力，例如接待情緒激動的客戶時，可以請求他們隨手遞一些諸如打火機、筆和紙等東西。當顧客遞過來時，便馬上感謝對方，並在二人之間逐步創造相互配合的氛圍。

待到氣氛平靜下來後，就可以抓住扭轉局面的機會：「我很高興您告訴我這些問題，我相信其他人遇到這種情況也會和您一樣。現在請允許我提出解決方式，您看這樣處理是否合您的心意？」

■ 求助高層

從心理需求來說，難纏的顧客或意見很多的顧客，都迫切希望服裝店的管理者能夠重視他的抱怨或意見。而大多數情況下，銷售員都是一線員工，即使問題得到最終的解決，難纏的顧客仍然在心理上不能感到滿意。如果高層管理者能夠介入此事，他們會立刻降低抱怨的不滿情緒，反而不再希望獲得更多彌補，因為高層管理者的接見已經讓他獲得心理上的補償。而且，反過來說，高層管理者也有權利能馬上拍板決定處理意見。因此，如果銷售員自己勢單力薄，可以請求高層管理者出面。

但是，銷售員千萬不要因此而以為我自己單獨無法處理，更不要把責任轉嫁他人。「擺平」顧客投訴將是每個銷售員應該擔負的責任。如果可以的話，應該迅速做出處理。若與店鋪無直接關係，要盡快報告相關部門，通知相關的廠商。

■ 投訴處理結束後，應向顧客表示謝意

這一點應該是每個銷售員都應該切記在心的。

顧客的抱怨或投訴，也是在尋求心理上的期望，那就是滿意的服務。因此，永遠不要把顧客的抱怨當成問題或麻煩，相反要給顧客提供抱怨的機會，且鼓勵他們抱怨，讓顧客的抱怨幫助自己提升服務品質，這是解決抱怨的根本。

3 掌握處理抱怨（投訴）的技巧

通常顧客來抱怨或投訴，大多是很憤怒的。顧客在憤怒的情況下，很難與其進行理性的面談，同時也可能會做出不理智的行為。處置得好，可

化干戈為玉帛；處置不當，小事也會鬧成大事，如果顧客訴諸媒體，甚至告上法院，店家的形象損失就太大了。因此，想成功處理且化解顧客的抱怨，需要熟練地運用一定的技巧。

一般而言，應重點掌握以下技巧：

■ 重視顧客

從心理學的角度來看，人們在得不到想要的東西，或感到不被重視時，就會怨氣沖天，這是一種自然反應，因此，顧客生氣的原因多半是因為感到不受重視。

的確，在有些銷售員看來，顧客的怨言實在微不足道。但在顧客看來，再小的事也是大事。因此，銷售員要真誠地告訴顧客，自己的服務就是千方百計使顧客感到滿意，歡迎他們提出問題和抱怨，且會替他們解決問題。顧客感到自己受重視，心中的怨氣就會減輕一些。

■ 表達理解和同情

顧客的憤怒帶有強烈的感情因素，如果能夠先在感情上對對方表示理解和支持，那將成為最終圓滿解決問題的良好開端。

因此，銷售員在接受顧客投訴時，首先要表現出對顧客的理解和關心。要從顧客的角度去思考：假設自己遭遇顧客的情形，將會怎麼做呢？

感受到顧客的痛苦後，可以告訴顧客：「我理解為什麼這件事會讓您不高興。」、「我理解您為什麼會有這種感覺。」和顧客站在同一立場上，他們激烈的情緒就會穩定許多。

表達理解和同情要充分利用各種方式。直接面談時，可以用眼神來表示同情，以誠心誠意、認真的表情來表示理解。如點頭、表示同意等等。如果是電話投訴，可以用語調、音量、抑揚等表現出關心和同感。總之，態度一定要誠懇，否則會被顧客理解為心不在焉的敷衍，可能反而會刺激顧客。

■ 避免在大眾場合與顧客交談

顧客在抱怨時，往往想爭取旁人的支持，支持的人越多，他就越激動。所以，一旦碰到年輕氣盛的客戶上門抱怨，銷售員應迅速將投訴的顧客請至會客室或賣場的辦公室，或到僻靜處商談，以免影響其他顧客。

如果收到的是顧客的投訴信件，應立即轉交店長，並由店長決定該投訴的處理事宜。且聯絡顧客，通知其已經收到信函，來表達出對該投訴意見極其誠懇的態度，及希望認真解決問題的心態。

■ 掌握顧客的真實意圖

在處理顧客投訴時，銷售員要善於掌握顧客的真實意圖，只有切實了解顧客的心態，才能使解決的方法對症下藥，最終化解。

以下這些技巧有助於銷售員掌握。

注意顧客反覆重複的話

有些說話含蓄委婉的顧客或許出於某種原因，試圖掩飾自己的真實想法，但卻又常常會在談話中不自覺地表露出來。這種表露常常表現為反覆重複某些話語。因此，銷售員要注意這些重複話語的表面含義，乃至相關、相反的含義。

注意顧客的建議和反問

顧客的希望常會在他們建議和反問的語句中不自覺地表現出來。留意這些，也有助於把握顧客的真實想法，找到有效的方法來解決問題。

觀察顧客表情和身體的反應

所謂顧客的反應，就是當銷售員與顧客交談時，對方臉上產生的表情變化或態度、說話方式的變化，觀察這些，也可以從中把握顧客的心理，了解顧客的真實意圖。

就表情而言，如果顧客的眼神凌厲、眉頭緊鎖、額頭出汗、嘴唇顫抖、臉部肌肉僵硬，這些都說明顧客的情緒已變得很激動。如果顧客在語言表達上不由自主地提高音量，說明顧客處在極度興奮之中。

就顧客身體語言而言，如果身體不自覺地晃動，兩手緊緊抓住衣角或其他物品，則表明顧客心中不安及精神緊張。有時顧客的兩手會做出揮舞等激烈的動作，這是顧客急於發洩情緒，希望引起對方高度重視的不自覺身體表現。一般來說，這種表現的顧客遇到的問題很嚴重，值得高度重視。

如果客戶的抱怨一時難辨真假，或純屬虛構，根本無法解答，銷售員應採取拖延的辦法，先安撫對方的情緒，之後再確定解決方案。

引導顧客說出

有些顧客也許正在氣頭上，言語常常詞不達意。銷售員可以這樣說：「我可能無法了解您現在的感覺，但如果您能告訴我您的想法，我將盡量幫助您。」或者「我能幫您什麼忙嗎？」這樣也可以引導顧客說出投訴的真實意圖。

問顧客的想法

通常情況下，我們自以為知道別人的想法，可以知曉對方大腦深處的念頭，但是，只有真正確定顧客到底想要怎樣，才可能達成雙方都接受的解決方案。因此，如果顧客對自己提出來的建議拒絕接受時，可以反問：「您希望我們怎麼做呢？」

■ 記錄歸納顧客投訴訊息

顧客投訴有面對面投訴，也有電話、信函投訴等。不論哪種形式的投訴，記錄、歸納顧客投訴基本訊息更是非常重要的工作。如果這些紀錄不夠真實和詳細，可能會使解決問題更困難，甚至產生誤導，因此，需要仔細地記錄顧客投訴的基本情況。認真傾聽顧客的抱怨，並做紀錄，也便於找出負責人或總結經驗教訓。

在記錄中不可忽略以下要點：

仔細詢問顧客的姓名和電話號碼。

發生了什麼事件？

事件是何時發生的？

有關的商品是什麼？價格多少？設計如何？

當時的推銷員是誰？

顧客真正不滿的原因何在？

顧客希望以何種方式解決？

顧客是否通情達理？

這位顧客是否是老主顧？

■ 複述顧客的問題，將問題達成一致

在接待顧客的投訴時，許多銷售員因未明確顧客的問題而費盡周折，這樣的情況並不少見。因此，複述顧客的問題，就問題達成一致，是非常重要的工作，能使雙方的談話在開始時就步入合作與共識的軌道。

如果是在「顧客抱怨紀錄表」內記載，尤其要對顧客的姓名、住址、聯絡電話以及投訴的主要內容等複述一次，並請對方確認。如果顧客投訴情況較特殊，若有可能，可把顧客投訴電話的內容予以錄音存檔。一方

面可以做為日後確認時的證明，另一方面可成為服裝店日後教育訓練的教材。

■ 行動迅速

顧客提出投訴要求，當然是希望商家能夠解決問題。因此，一旦銷售員獲得事實情況，就要迅速行動。

如果不是自己服務引起的，可以這樣答覆顧客：「我去調查一下情況，明天給您回覆。」「我馬上向上司報告，酌情處理。」對於有違法行為的投訴事件，如寄放櫃檯的物品遺失等，應與當地的派出所聯繫。

總之，要把握機會，適時結束，以免拖延過長，既解決不了問題，又浪費雙方時間。

■ 主動承擔

當顧客提出賠償要求後，銷售員不要急於澄清自己的理由，更不能把責任推給對方。

有些銷售員總是害怕責任帶來麻煩，試圖推卸或逃避，而把問題全都歸罪於顧客或他人，這樣並不能減少問題，平息事態，只會讓別人知道你是不負責任的人，顧客不會再與你合作，上司也不會再委予你重任。

如果確實是自己服務不完備引起的，就要勇敢承擔責任。銷售員胸有成竹地給予反應，顧客常常就會感到滿足，情緒也會緩和。

■ 中立建議

即便在與顧客意見不一致的時候，也不要勉強他們聽從自己的意見，而是盡可能禮貌地與顧客交換意見。耐心勸導，循循善誘，逐步弄清買賣雙方各自的責任，剔除其中抱怨的因素，最後提出雙方都能接受的條件。

比如：「我有一個建議，您是否願意聽一下？」當然，這個提議是中立的。如果顧客恢復理性之後，他會接受你的建議。

對於顧客過分的要求，應以需要請示上級主管等理由婉言拒絕。

■ 適當做一點補償

如果顧客投訴確實是自身原因引起的，問題解決後，你可以寫道歉卡片（如果你真的有過失），甚至你應該寄小禮物表示歉意或關心，掌握和顧客重建關係的機會。

另外，注意記住每一位提出投訴意見的顧客，當該顧客再次來店時，應以熱誠的態度主動向對方打招呼。

■ 防止問題再次出現

在顧客投訴事件處理完畢後，應將紀錄表妥善填寫，並予以整理歸納，分析抱怨發生的原因、處理的得失、注意事項，確定改進的辦法等，防止類似事件再度發生。

當銷售員用誠懇的態度解決問題時，顧客會因為你負責的態度，對你，甚至對服裝店產生好感。如果投訴的顧客得到圓滿的答覆，成功地解決了顧客的抱怨，顧客之間也會形成良性循環的宣傳效果。顧客的口碑就是服裝店滾滾不斷的財源。

4 顧客退貨巧妙處理

顧客退換服裝是經常發生的現象，可是很多銷售員在處理顧客退換商品時，都犯「3R」的慣性：不情願（Reluctant）、抵制（Resistant）和粗魯無禮（Rude）。因為顧客退換商品，他們就拿不到提成。因此，在接待退

換服裝的顧客時，我們經常看到這樣的場面：「買時為什麼不想清楚？」

「您才剛買走，怎麼又來換？」

「挑了半天又來退貨，您怎麼一點主見都沒有？不可思議！」

「不是我賣的，誰賣的您找誰！」

「不能退，這是規矩。」

「只能換，不能退。」

「買了以後，您怎麼沒有及時說呢？」

「廠商現在都沒有這種服裝了，我們也無能為力。」

「服裝品質是廠商的問題，我們只負責賣。」

這些話或直率，或委婉，都不能令顧客滿意。

顧客之所以抱怨或投訴，1 是因為服裝品質確實有問題，2 是因銷售員的態度不能讓他們滿意。因此，如果遇到顧客退貨或其他投訴類的問題時，千萬不能這樣回答。

當顧客因某件服裝不合適或品質問題而要求退貨時，一定要學會把這次退貨轉換成新的銷售機會。因此，對顧客要禮貌、熱情，不推託、不冷落，即便是對不能退換的服裝，也要耐心解釋，說明不能退換的原因。

某天，一位客戶怒氣衝衝地找上門。

客戶：「喂！我昨天在你們這裡買了一套西裝。你們的銷售員太不負責任了，居然幫我挑了一套顏色不一致的。我請他換一套，他居然不換。真是豈有此理！」

銷售員：「是這樣嗎？真是對不起，這位先生，給您帶來這麼大的麻煩，我代表所有工作人員向您道歉。」

「這樣吧！這位先生，您先別著急，我馬上派人檢查一下。如果真的有問題，立刻為您換一套。至於那位銷售員，我馬上去查出勤表，通知公司有關部門對他進行教育訓練，您覺得可以嗎？」

客戶：「這還差不多。」

像上述案例中這樣大吵大鬧的客戶，銷售員可能都遇到過。但是，面對這種客戶，永遠不能和他爭吵。因為他們是自我相當強烈的人，很難聽進別人的話，與他們講道理有時候不太有效果。最好的辦法是讓客戶宣洩他們的情感，鼓勵他們講出自己的不滿。

在顧客要求退貨時，銷售員可以使用以下語言：

■ 彌補法

當商品有破損、欠缺、品質不良、功能不全、無法履行契約，甚至讓顧客在精神上受到傷害時，都必須盡快以金錢或物品等替代品來補償，才稱得上是有誠意。

因此，銷售員要先承認顧客的意見，肯定服裝的缺點，然後利用其他服裝的優點來補償和抵消這些缺點。

「真的是很抱歉！由於我們服務的疏忽，給您帶來了這麼多的麻煩。不過沒關係，我可以幫您換貨。您可以告訴我您喜歡的材質、款式、顏色，我幫您挑會讓您稱心如意的。」

「看！這些都是我們今年的新款，裡面肯定有適合您的。」

一般來說，用其他服裝彌補顧客在價格上的損失，他們也會接受。這樣處理，很少有顧客會拒絕接受。

■ 誠懇相告

如果不得不拒絕顧客請求的話，也要當機立斷，立刻表達清楚，誠懇相告。

不可否認，有些顧客退換貨時，會表現得很激動，以至於和你大唱反調。因為有些顧客就是喜歡添油加醋，好「敲竹槓」或勒索一番。此時，一定要保持冷靜，不要輕易妥協，可以從正面切入，誠懇告訴顧客不能退換的原因：

「對不起，您這件服裝已經使用過了，不屬品質問題，不好再賣給其他顧客了，實在無法給您退換。」

「您這件服裝已賣出較長時間，現在已經沒貨了，退貨要到有關部門鑑定，如確屬品質問題，保退保換。」

「請原諒，出現這些情況，照規定是不能退換的。」

■ 協商法

有時候，顧客提出的要求可能很難滿足，此時，你可以告訴他們：「先生，您提出的問題很特殊，我們商量一下好嗎？ 讓我們坐下來好好談談。」

比如，在某個服裝店發生了以下這種情況。

顧客：「男朋友送給我這件連身裙，當時我趕著出差沒仔細看，回來才發現跟我之前買得一模一樣，你幫我退貨吧！」

銷售員查看發票後說：「不好意思這位小姐，您的服裝已經超過了退貨期限。」

顧客：「時間才超過 2 天啊！這 2 天我在外地。再說，連服裝掛牌都沒有動過，你們不退不是蠻橫銷售嗎？我要投訴媒體！」

銷售員：「這位小姐，這件服裝確實已經超過公司規定的退貨期限，我的權限是無法退換的。但是考慮到您情況特殊，我想請示一下我們經理，看能不能幫您換一款其他的。您認為可以嗎？」

顧客：「那好，謝謝你！」

銷售員經過顧客首肯後，請示經理幫助顧客，順利完成了退貨。

本來，像這種顧客沒有拆包裝，甚至連服裝掛牌都沒有動過的服裝，並不會影響銷售。如果總是以「商品售出，概不退還」來應對顧客，明顯是以大欺小，蠻橫無理。如果說顧客退貨帶給商家不便，他們要重新登記等，那麼對顧客來說，不是也造成了時間的浪費嗎？因此，遇到這種情況，銷售員即便權利有限，也應該幫助顧客通融一下。那樣才是真正為顧客考慮，同樣，也是為公司的聲譽考慮。

■ 自責法

即便是因為顧客的原因引起的，也可以推功攬過。

必須承認，吹毛求疵的顧客的確存在。對這種客戶來說，世界上沒有任何事令他滿意，而任何人的服務總是被抱怨成「糟糕的服務」。此時，這種「推功攬過」的方式，會讓他們找不到挑剔的理由。

比如，對於買錯尺寸的顧客，與其說：「你購買時如果說清楚你要的尺寸，我們就不會拿錯了，況且那個時候我們也很忙……」，倒不如說：「我那個時候如果問清楚你的尺寸就不會弄錯了，真是對不起。」

■ 委託法

如果自己確實抽不了身，也不可把顧客的要求扔在一邊。可以告訴他：「真不好意思，我現在實在抽不出時間來，但是我會告知您那邊的情況，讓他們盡快辦理。」

顧客的抱怨並不可怕，可怕的是不能有效地化解，最終導致顧客的離去。如果體諒顧客的痛苦而不採取行動，等於是送給顧客一個空禮盒。因

此，想贏得顧客信任，不管顧客提出多麼刁難的問題，都不要因為貪戀眼前小利而找任何藉口，要積極的引導，找出解決方案盡快處理，化解顧客的抱怨，服裝店的知名度和美譽度反而能迅速提升。

5 提升服務滿意度，贏得忠誠顧客

在顧客對服務品質的要求日益嚴苛的時代，服務在服裝店行銷中的地位越來越重要。

服裝店的推銷服務，不只包括銷售前服務、銷售中服務、售後服務 3 個階段，還包括長久持續地為顧客服務。只有這樣，才是全方位的服務之道。

可是，許多銷售員只滿足於引導顧客成交，完成自己的銷售額，一旦交易成功，就容易產生大功告成一樣的錯覺。在以後的服務過程中，不像成交前那麼客氣謙虛，說話粗聲大氣，態度也變得傲慢，對顧客的問題一推了之。這樣的服務態度，當然無法令顧客滿意。

一位家庭主婦在兒子結婚的大喜之日，為了穿得體面一些，下狠心花了將近 10,000 元買了一件名牌棉襖。

這麼貴重的衣服，不是正式場合她很少穿，也很少洗。可是，沒想到，不到 2 年，就發現領口越來越刺人，衣服的袖子也開始起毛球。於是，這位婦女帶著這些疑問，去某名牌店詢問。她不是要求換貨，而是反映情況，讓廠商也能得以改進。可是，當她拿著衣服來到服裝店時，銷售員拋出一句話「這衣服早就過了售後服務期間，我們不管。」顧客當場就愣住了，這是那位買衣服時，彬彬有禮、臉笑得像花一樣的銷售員嗎？

顧客又找了店長，當店長得知顧客是「手洗」時，回答「這種衣服不能手洗」。可是，銷售員當時並沒有告訴顧客啊！顧客感到很冤枉，於是憤而投訴，告誡消費者不要再去這樣的服裝店消費了。

如果說成交是短暫的，售後服務也是有期限的，那麼，持續地為顧客提供滿意的服務並沒有什麼時間的限制。持續為顧客提供滿意的服務，才是建立忠誠客戶，公司長遠發展的關鍵。可以說，從賣出服裝以後的2、3年內，顧客有問題隨時需要向你請教，這些也都是售後服務的內容。不論這些問題是你自己服務不完善引起的，還是其他人員引起的。這些問題的處理過程，是令顧客滿意的關鍵。

一般來說，顧客購買服裝，最關心的是價格問題和售後服務，尤其是購買較高等級的服裝時，他們不但會考慮物有所值，而且還會考慮稱心如意。如果所購買的服裝，在實際消費中達到預期效果，客戶心理上會認為自己買得正確，也會增加持續購買的決心；反之，如果沒有達到顧客的心理預期，顧客當然會後悔、生氣，不但對服裝品牌，甚至對服裝店，都會產生懷疑或失望的情緒，甚至會引導或阻止他人購買。

成交後，服裝的形象已經凍結，而人是唯一的可變因素。此時，銷售員的表現，決定著店鋪和自己的形象，甚至是服裝生產廠商的形象。如果服裝品質有問題，而銷售員又找理由推諉、搪塞，甚至反而質問顧客，顧客當然會怒而投訴了。因此，在售後服務階段，銷售員更要注意正確處理顧客的抱怨和投訴。

銷售員一定要記住「顧客永遠是對的」。

畢竟，顧客很少有專門浪費時間尋釁滋事的。雖然，有些顧客在一怒之下，可能會說出一些不講道理，甚至帶有「人身攻擊」的話語。可是，無論這些話多麼難以入耳，都要有足夠的耐心和包容心去傾聽。只有面對顧客的憤怒和壞情緒的發洩，才能找到解決問題的辦法。

在上述案例中，銷售員可以採取以下辦法：

■ 同意法

有時候，顧客的投訴確實是推銷員個人無法解決的，如服裝的材質、品質、式樣、包裝等不符合他們的需求。但是，推銷員身為企業的訊息人員，可以將蒐集到的顧客需求和訊息，及時反饋給企業，為企業進一步的生產改進提供參考。因此，可以這樣告訴顧客：

「您好，雖然我們不是服裝廠商，沒有技術部門，但也會圓滿地處理您的問題。您可以先把東西留在這裡，我會給您收據，然後盡快幫您處理，爭取不耽誤您的時間。」

■ 補償法

如果服裝超過包退期，顧客前來投訴，也不能一推了之，應該告訴他們「這件衣服已超過保退期，照規定，我們只能為您維修，請原諒。」

■ 詢問處理法

如果確實是顧客使用不當造成的，銷售員也不能埋怨顧客不小心，指責顧客「是您自己弄錯了」。應該在給顧客留足面子後，再提出與顧客不同的意見。比如：

「真的很抱歉！您剛剛說的確實不是品質上所產生的問題！為了避免以後其他顧客也發生此類問題，我想問一下，您在平時保養服裝時，是否……？」

如果確實是顧客在服裝保養的過程中不小心引起的問題，那麼銷售員可以告知顧客應該注意的事項。

婉轉提醒

得知是顧客自己使用、保養不當造成的，也要婉轉地提醒他們。比如：「真不好意思，您可以好好閱讀一下使用說明書。」或者「很抱歉，我的說明不夠清楚，但是請您依照說明書上的方式來使用」。這樣的說法既能顧及顧客的面子，又能清楚地告訴顧客他錯誤的地方。

同一件事，有些說法令人生氣，有些則令人覺得高興、愉悅，如果你能試著把這種方法運用在處理顧客的抱怨上，肯定會有效果。

讚賞法

即便服裝確實是廠商品質原因造成的，顧客前來投訴，銷售員也應該先用讚賞法稱讚顧客對服裝品質的重視和關心，使顧客先獲得心理的滿足。比如：

「您反映的問題確實值得重視，對於我們沒有注意到的地方，您真是觀察入微，謝謝您的細心提醒。」

「謝謝您的指教，我們會立刻查明原因，並做為改進的目標。」

「我們會根據你的意見盡快改進，非常謝謝您的指教。」

顧客是支撐公司賴以生存的重要力量，對於他們的抱怨和投訴，不能草率處理，馬馬虎虎。否則，任何怠慢都可使競爭對手有可乘之機。特別是一些老顧客，一旦被競爭對手奪走，想再奪回，可沒那麼容易。因此，對顧客的抱怨和投訴，銷售員應從企業的長遠利益出發，採取感激的態度來處理，幫助公司重提信譽。

今天，在任何行業，服務都被看成是商品的組成部分。顧客所購買的不僅僅是商品的使用功能，還包括審美感受、安全保證、售後服務等訊息和承諾，因此，可以說服務無止境。

做零售就是做服務。雖然，服裝的價格、種類、品質等能吸引顧客的目光，但最能留住顧客，讓他們成為忠實客戶的，恐怕還是服務。因此，持續地做好服務，讓顧客成為忠誠客戶，才是保證公司發展的根本。

■ 持續提升顧客滿意度是解決抱怨的根本

如今顧客滿意度已成為每家服裝店努力的目標，只有不斷增進顧客的滿意度，才可能保持並增加自己的市場競爭力，才有可能擁有更多的忠誠顧客。所以，越來越多的服裝店正努力引入顧客滿意的新觀念、新理念和新方法。不論哪種方式和方法，最終目的都是透過自己的服務，讓顧客持續地保持滿意。

對銷售員來說，要讓顧客持續地保持滿意度，不僅僅只是在成交中讓顧客滿意，也不只是售後服務、妥善處理抱怨和投訴，而是讓顧客永遠都能高興而來，滿意而去。只有顧客持續滿意，才能減少抱怨和投訴，才能把抱怨和投訴消滅在萌芽階段。

要讓顧客持續保持高滿意度，需要做到：

★ 持續地了解顧客。

★ 讓顧客持續地關注自己的服裝店。

★ 要在服裝店和顧客之間建立「情感」紐帶。

也許，有些銷售員對於「要讓顧客持續關注自己的服裝店」感到無能為力。這是因為他們停留在自以為正確的認知上。他們通常認為滿足顧客的需求時，顧客就應當滿意；有意見、有建議的顧客得到重視，反映的問題得到圓滿解決，就是滿意。其實，這只是顧客滿意度中的某些方面。要讓顧客滿意，應該是長期的，而不只是 1、2 次的購物行為，或投訴後的問題解決。只有長期滿意才會成為你的忠誠客戶。

5、提升服務滿意度，贏得忠誠顧客

要讓顧客持續關注服裝店，就需要銷售員持續地了解顧客。只有你持續關注和了解顧客，顧客才會長期關注你。

有些銷售員可能會困惑：怎樣才能持續地了解顧客呢？顧客都是需要買衣服才光臨，又不是同事可以朝夕相處，可以持續關照。產生上述認知的根本原因，在於沒有對顧客進行深入研究。其實，在你每天接觸的顧客中，約有 70%希望與他們初次選擇的服裝店保持長期的合作關係。因為他們對這些服裝店的環境和服裝擺放順序等都比較熟悉，對服裝的風格、價位以及銷售員的態度等大致了解，購物時感到方便，可以節省自己的時間。如果另外選擇一家不熟悉的服裝店，無疑會浪費時間，且陌生的推銷員也會讓他們有心理距離。因此，顧客十分關注所選服裝店的一舉一動，不僅是新產品及促銷措施，也會關照銷售員是否有變化。由此可見，讓顧客持續地關注服裝店並非不可能，關鍵是我們要持續地了解顧客，並及時改進自己的工作，贏得他們的滿意。

要讓顧客保持長期滿意度，就必須在銷售員和顧客之間形成「互動」局面，要隨時了解顧客對我們的期望和要求，讓所有顧客都可以隨時把需求告訴店家；讓所有顧客隨時可以，也願意，把不滿意告訴店家。店家同時也把自己的努力告知顧客，讓顧客能及時看見。

可是，以上這些並非所有的服裝店都能有所認知。君不見，很多服裝店都不惜成本地宣傳產品和品牌，或掌握獨大的話語權，對於了解顧客、傾聽顧客的心聲，不僅不重視，且很少投入。也有的服裝店和銷售員只讓顧客了解正面形象，對負面、困難和為改進所做的努力，閉口不言。這怎能形成和顧客的良性互動呢？

在供過於求的今天，早已不是商家賣什麼，顧客就買什麼，沒有任何選擇的時代了。因而對商家的滿意度，不僅是產品的品質，更包括從業人

員的服務等各方面。可是，如果服裝店不了解顧客的心聲，不能和他們及時互動，顧客的忠誠從何而來？

事實證明：真誠、有效的顧客互動，將產生良好的效果。在互動中，顧客得到持續地滿意，就會發展成忠誠客戶。

有資料證明，即便是那些曾經抱怨或投訴的顧客，也並非都會「移情別戀」，其中約 60%也可以發展成忠誠顧客。因為他們之中，大多數在投訴後，都會關心投訴是否見效，服裝店是否因此有所改進。如果改進了，他們就會感到欣慰，並保持對服裝店的持續關住。因此，即便對於那些經常愛抱怨或投訴的顧客，銷售員也要和他們保持良好互動，運用意見領袖的力量，把自己的改進措施告訴顧客。透過意見領袖的作用，扭轉其他顧客的看法，且透過他們的口碑，還可以把潛在客戶發展成新客戶。

對於一般顧客，也需要進行分析和密切的關注，與他們保持定期聯絡，為他們提供滿意的服務，將這些顧客的流失，控制在可以接受的範圍內，爭取透過服務，促使那些有條件者，逐漸發展成忠誠客戶。

隨著服務至上的來臨，顧客購買商品，同時也想買到心理的滿足。因此，顧客滿意度是來自心理的感受。心理學家和管理專家經過研究認為：顧客滿意並非因他們的購物要求 100%得到滿足，而是顧客感受到，實際獲得超出期望時。要讓顧客從心理上感到滿意，服裝店和顧客之間就應該用「情感」這條紐帶持續地緊緊相連。因此，銷售員和顧客之間，要特別注意加強聯繫。特別是對忠誠客戶，一定要定期打電話問候。除了了解他們對所購買服裝的意見，解決他們提出的問題外，還可以每個月寄給他們問候信函，甚至在特定的節日，可以寄賀卡表示問候。在服裝之外，讓他們從心理上感受到你的重視，感受到你始終在關注和問候他們，他們就會在情感上對你產生好感，當有購物的需求時，自然會想到你。

5、提升服務滿意度，贏得忠誠顧客

要讓顧客持續地滿意，就不能用短期的功利目的去看待顧客，更不能在服務中「三天打魚，兩天晒網」。服務是長期的，如果每位服裝銷售員都能把顧客當成自己人看待，持續地對他們付出熱情、愛心、耐心、誠心，時時刻刻想到滿足他們的需求，顧客連滿意都來不及了，怎麼還會產生抱怨，甚至投訴的行為呢？因此，只有讓顧客長期且持續滿意，才是解決顧客抱怨或投訴的根本。

附錄　著裝技巧

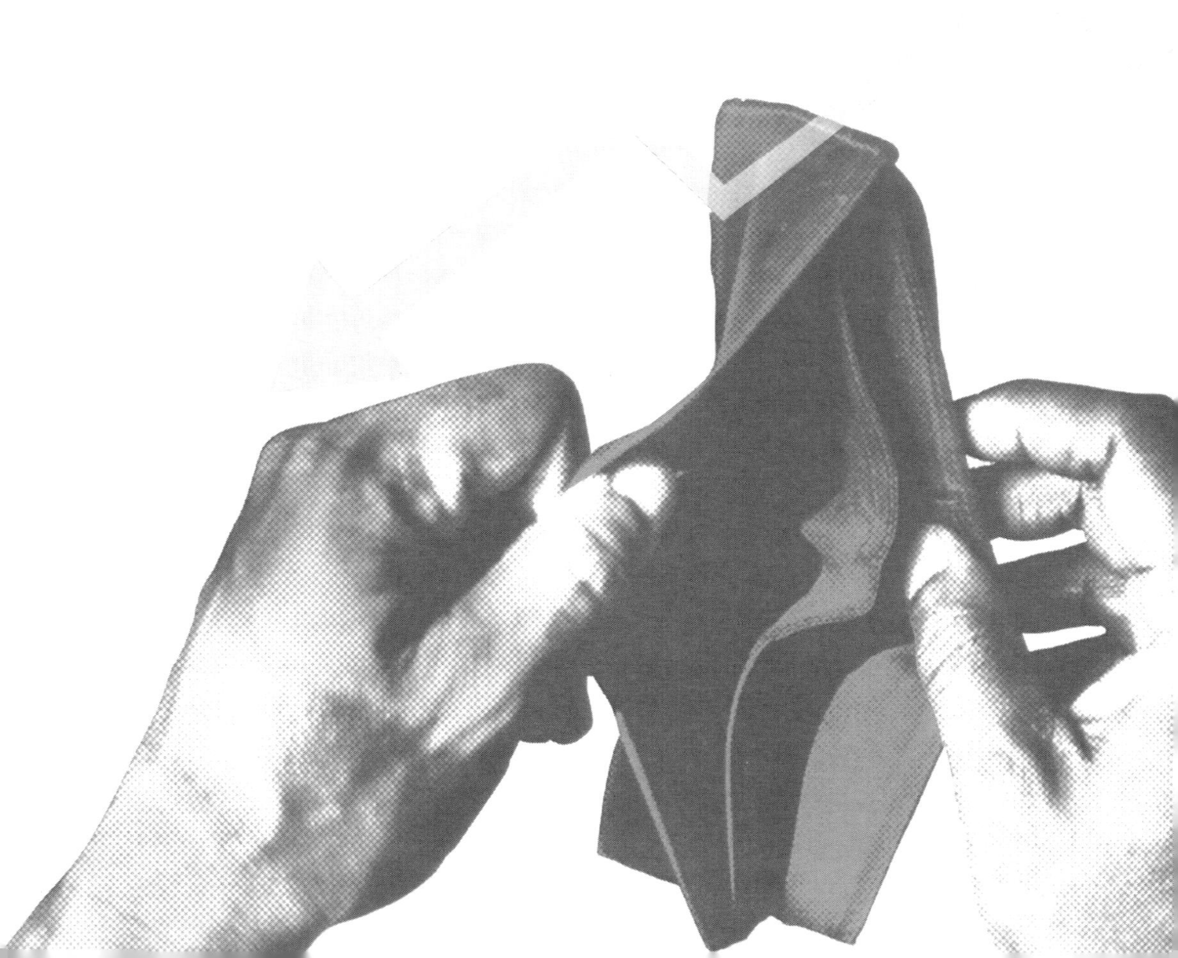

服裝是一個人無聲的語言，表達出你的處世態度、生活方式，從而成為他人認識你的工具之一，構成人們對你的初步及最終印象。因此，以下為您介紹一些著裝技巧：

1 不同體型的著裝技巧

雖然服裝的款式一樣，可是不同身材的人，穿上效果卻會不一樣。因此，服裝的選擇也要根據自己的身材巧妙搭配。

★ **頸部較短者**：這類身材的人多半是肥胖者，應盡量讓頸線顯現清晰，宜穿「V」字領或低領的服裝，避免穿高領、高襟；蝴蝶結、頭巾忌繫在中心點。

★ **頸部較長者**：這類身材的人通常較瘦，宜穿著套頭裝。否則，前胸顯得太骨感，令人不悅。因此，如果是女士，頸部可佩戴飾物，如項鍊。

★ **聳肩者**：宜穿「一」字領、交叉肩的服裝，能緩和聳起的肩線，直條紋能顯示它的長度。避免穿厚墊肩、肩上有飾物的上衣；避免穿橫條紋強調水平線。

★ **垂肩者**：與聳肩者相反，垂肩者應選擇「倒三角」設計的服裝，宜穿泡泡袖、有肩墊，或有褶皺的上衣，還可選擇偏重肩端設計或橫格條紋，以加強肩部幅度。避免穿開襟大、交叉設計及露肩或緊身袖的服裝。

★ **粗腰者**：這種體型的人，不論男士還是女士，買服裝都破費思量。

★ 選擇服裝時不應強調腰部。宜穿套裝大衣、長大衣、腰部線條不明顯的連身服；腰帶的顏色與上下半身的服裝要一致。避免穿短上衣、粗腰帶及繫太粗的腰封。

一般來說，腰粗的人容易腹凸。應選擇直線的設計，宜穿上衣外套隱藏腹部，或穿「A」字裙，腰帶不宜過緊。避免穿緊身裙、滑雪褲。

★ **臀部大者**：這類身材的人選擇服裝宜穿上半身較為寬鬆，或上身較長的服裝，比如上身加墊肩。避免短上衣、粗腰帶、滑雪褲。女士避免穿蓬裙或「A」字裙、窄裙等。

★ **臀部平坦者**：這類身材的人如果是女士，會給人不豐滿的感覺。因此，應從側面顯示出曲線，利用蓬裙、百褶裙形成突出的效果，穿著寬鬆點，以顯豐滿。臀邊不要有褶，避免穿太短的上衣或喇叭裙。

★ **腿短**：避免穿太長的上衣，宜穿短小款式的上衣，拉長身材。女士不易穿連身裙或長裙。

★ **上身太長**：宜穿高腰褲、高腰裙，使上身顯得較短；寬鬆的上衣、毛衣可使腰部線條不太明顯；直筒長褲配粗腰帶也會讓上身顯得較短。

2 辦公室著裝技巧／上班族著裝技巧

上班裝介於正裝和便服之間，不一定要穿西裝，穿戴整齊但可些許放鬆。可選擇風格不同的得體衣服。

例如：男士翻領毛衣和夾克，配上製作精良的長褲。女士可以穿裙裝，配襯衫或毛衣，下著有跟的皮鞋或靴子。

3 便服著裝技巧

儘管許多人認為便服並不存在什麼穿衣技巧，但事實上看起來越是隨意的穿著，越是遵循了一定的規律。整套衣服要毫無瑕疵。

男士比較常見的是直挺的卡其布外套加白色襯衫，或牛仔褲配上裝；女士常用毛衣搭配裙子。另外，套裝配上 T 恤和運動鞋，讓人看起來充滿自信。

不管如何穿著，禮貌的儀態都是要一直保持的。因此，儘管你很時尚，也不要在辦公室穿太短、太緊、太透明和衣領過低的衣服。

4 女性著裝全攻略

就像服裝總是青睞女人一樣，女人當然要靠服裝裝扮出自己的亮麗。不同性格、不同職業的女人著裝也有不同的技巧。

莊重大方型的女性，著裝要突出女性柔美的特點，但是更要注意端莊大方。畢竟許多女人都已走出家庭，成為社會女性。因此，即便是職業女性的著裝，外形也正變得飄逸軟柔，漸漸走出「女強人」的模式。

襯衫既可選擇白色，也可選淡粉色、格子、線條等變化款。著裝整體色彩上，可以考慮灰色、深藍、黑色、米色等較沉穩的色系，讓人留下幹練朝氣、充滿親和力與感染力的印象。

有些職業女性，特別是服務業，一整天都要面對民眾，必須始終保持衣服整潔。因而，應當盡量選用那些經過處理、不易起皺的絲、棉、麻以及水洗絲等材質。

成熟含蓄型的女性進入社會後，很多不再滿足於小家碧玉或純情的學生裝扮，要打造出自己成熟的形象。那麼，優雅俐落的套裝就可以給人井然有序的印象。

西裝和西裝褲的搭配也可以顯得成熟穩重。身材窈窕的女性可以穿連身裙，長度或長或短，沒有太多的限制。身材修長者穿上長度及踝、高腰的連身裙，流暢而華麗的線條，令身體的美無聲地展示。會給人飄飄欲仙的感覺。

從顏色的搭配來看，當然還是以白、黑、褐、海藍、橙、咖啡、灰色等基本色為主。若嫌色彩過於單調，不妨綁條領巾；或在套裝內穿件亮眼質輕的上衣。

有些女性喜歡神祕的黑色，這種顏色的服裝也可以表現出成熟含蓄的一面。素雅端莊型女性的穿著，除了要符合身分、整潔、舒適外，還須記得適當地展現女性的氣質與風度。因此，職業女性的上班服，應注重配合流行但不損及專業形象。原則是「在流行中略帶保守，是保守中的流行」。太薄或太輕的衣料，會有不踏實、不莊重之感。衣服樣式宜素雅，花色衣服則應挑選規則的圖案或花紋，如格子、條紋、人字形紋等。簡約休閒型在崇尚自然生活的今天，許多女性的著裝也是簡單中透出優雅，舒適中透出休閒。

比如：白色或深藍色細格的棉質襯衫，修身的設計，半透明的質感，內襯白色背心，簡約和性感混合在一起，令人身心自由，有回歸自然的感覺。

至於清純秀麗型，雖然辦公室裡不需要風情萬種，但女人聰明的天性，以及對美麗的極度敏感，使她們能夠輕而易舉地將流行元素融入枯燥沉悶的上班服飾中。時尚無需複雜，一雙華麗斑斕的涼鞋、一個繡有花朵的包包，都可成為將職業裝穿出流行感覺的點睛之作，職業形象也能帶出甜蜜的感覺。適合網路、電腦、公關、記者、娛樂等相關工作的職業女性。

5 時尚男人著裝技巧

男人由於性別、地位、工作場合等原因，比起女性著裝，較無自由，主要是突出自己穩重、陽剛的氣質和風采。

不同場合的著裝

如果是出席會議、宴會、招待會、婚喪禮、晚間社交活動等正式場合，必須穿深色西裝。襯衫要求穿白色，領帶要求有規則花紋或圖案，顏色對比不宜太強烈，否則會破壞正式場合的隆重性。

如果是在半正式場合，比如上班、午宴和公司舉行的活動上，可以穿淺色或棕色的西裝；襯衫可穿與西裝顏色協調的素淨、文雅襯衫；領帶要求配有規則花紋或圖案，或是素雅的單色。

如果是出席非正式場合，比如旅遊、訪友等，穿著可較為隨便自由，可選擇色調明朗輕快、華美的西裝，襯衫可任意搭配，也可不穿襯衫，穿 T 恤，領帶也可自由搭配，但切忌使用鮮紅的領帶。

當然，就算是非正式場合，如果穿西裝，忌配運動式皮鞋。西裝是十分講究的正式服飾，要配以正式皮鞋才算和諧；而運動式皮鞋太隨意，這樣搭配會較無整體性和配套性，有無法顯示身分之嫌。

各種季節的著裝

春季，萬物復甦，欣欣向榮，心情也隨之溫暖起來。這個季節開始由冷色轉向暖色，表現在服裝顏色的選擇上，可以選米黃、蔥綠等。質地以緊密有彈性的材質為主。服裝一般是套裝、2 件式、風衣。

夏季烈日驕陽，人人都渴望涼爽，就不要選擇刺激性較強的紅色、黑色等，只可有一點點綴。除了選擇綠色、淺藍色等，也可選擇顏色相對弱點的。例如：白、象牙黃、淺米灰等。在這個炎熱的季節，吸汗、涼爽、舒適的棉、麻、絲，是著裝的首選材質。

秋季是收穫的季節，因此，橙色、咖啡色、芥末黃等暖色構成的顏色最值得推薦。

秋季最能展現「整體著裝」，2 件式的套裝，加背心的 3 件套。材質選擇可以多樣化，蓬鬆的質地和柔軟的剪裁值得考慮。

6 大尺碼型著裝小訣竅

隨著物質生活水準的提升，不論男士還是女士，發福者越來越多。在服裝的選擇和搭配上，也費盡思量。不過，隨著現代服飾新式樣的出現，巧妙搭配可以彌補一下身體的缺陷。恰到好處的著裝就是自信的表現，別忘了用自信來裝扮自已。

■ 不要穿褲管太寬的褲子

大尺碼人士通常會給人腿短的印象，褲管太寬的褲子更會凸顯身材的缺點，給人造成視覺上的怪異感。

有些大尺碼女人喜愛夏天闊腿褲的涼爽感，可是穿起來更會顯露自己的短處。當然也不宜穿上寬下窄的褲子，以直筒褲為宜。

■ 不要讓領口太大

大尺碼人士當然肉多，如果是圓領且又太大，會把贅肉露出來。可以選擇領子向深度延伸的服裝，既不會顯得脖子短，也不會露出太多的贅肉。

大尺碼男人忌襯衫領口開得太大。穿西裝如果不繫領帶，襯衫領口可開一顆扣子，但如果開太大，就會顯得缺乏修養或太隨便。

■ 忌服裝太瘦

雖然現在流行緊身衣，可是大尺碼人士如果穿緊身服，會讓發福的腹部更加突出，整個人看起來不夠大方。

■ 忌穿顏色刺眼的服裝

有些個性特別豪爽的大尺碼人士，總喜歡用五顏六色的繽紛色彩來裝扮自己。如果是點綴還可以，但許多大尺碼男士卻把大紅大綠的衣服穿在身上；許多大尺碼女性也把顏色鮮豔的大花圖案穿在身上，尤其是夏天的連身裙，這往往給人擁擠的感覺。

另外，大尺碼男士的領帶色彩也不能過於刺眼，那樣與著裝的整體感會不協調，會顯得孤立，破壞整體美。在服裝材質的選擇上，也忌用「聚對苯二甲酸乙二酯纖維」（滌綸）材質做時裝。這種材質質感欠佳，表面的「浮光」顯得不夠高級；其透氣性與排汗度都不好，長期穿著對人體不利。

■ 忌服裝袖子過長

大尺碼人士本來就給人不俐落的感覺。如果上衣的袖子過長，更顯動作遲緩，形象臃腫。

一般而言，男士西裝的袖子應比襯衫短 1 公分。一來可以保持西裝的清潔，二來也可讓著裝更有層次、精神抖擻。

6、大尺碼型著裝小訣竅

這不是強迫消費，只是你的錢包需要減肥：

看透顧客心、營造危機感、激發購買欲，你衣櫃永遠少的那一件，就是我的推薦！

編　　著：陳俐茵，原野
發 行 人：黃振庭
出 版 者：崧燁文化事業有限公司
發 行 者：崧燁文化事業有限公司

E-mail：sonbookservice@gmail.com
粉 絲 頁：https://www.facebook.com/sonbookss/
網　　址：https://sonbook.net/
地　　址：台北市中正區重慶南路一段六十一號八樓 815 室
Rm. 815, 8F., No.61, Sec. 1, Chongqing S. Rd., Zhongzheng Dist., Taipei City 100, Taiwan
電　　話：(02)2370-3310
傳　　真：(02)2388-1990

印　　刷：京峯彩色印刷有限公司（京峰數位）
律師顧問：廣華律師事務所 張珮琦律師

定　　價：375 元
發行日期：2023 年 03 月第一版
◎本書以 POD 印製

國家圖書館出版品預行編目資料

這不是強迫消費，只是你的錢包需要減肥：看透顧客心、營造危機感、激發購買欲，你衣櫃永遠少的那一件，就是我的推薦！/ 陳俐茵，原野編著 . -- 第一版 . -- 臺北市：崧燁文化事業有限公司，2023.03
面；　公分
POD 版
ISBN 978-626-357-152-5(平裝)
1.CST: 銷售 2.CST: 銷售員 3.CST: 顧客服務
496.5　112000940

電子書購買

臉書